趣味化学体验书

Interesting Chemistry Experience book

陶子文◎主编

中国纺织出版社
国家一级出版社　全国百佳图书出版单位

内 容 提 要

本书精选了近200个充满趣味性的小实验，以图文并茂的形式引导中小学生一步步迈入变幻莫测的化学世界。书中内容包括：不一样的“水”和“冰”、气体与燃烧、元素和金属、酸性与碱性、食物中的化学知识以及化学小常识。

本书主要适合中小学生阅读使用，既可作为家庭亲子读物，也可作为课后辅导用书。

图书在版编目（CIP）数据

趣味化学体验书 / 陶子文主编. --北京：中国纺织出版社，2017.7（2020.3重印）
ISBN 978-7-5180-2830-6

Ⅰ. ①趣… Ⅱ. ①陶… Ⅲ. ①化学—青少年读物
Ⅳ. ①06-49

中国版本图书馆CIP数据核字（2016）第181655号

责任编辑：赵晓红　　特约编辑：徐婷婷　　责任印制：储志伟

中国纺织出版社出版发行
地址：北京市朝阳区百子湾东里A407号楼　邮政编码：100124
销售电话：010—67004422　传真：010—87155801
http：//www.c-textilep.com
E-mail：faxing@c-textilep.com
中国纺织出版社天猫旗舰店
官方微博http://weibo.com/2119887771
三河市延风印装有限公司印刷　各地新华书店经销
2017年7月第1版　2020年3月第3次印刷
开本：710×1000　1/16　印张：13
字数：142千字　定价：25.00元

前言

兴趣是探索之门，体验是收获之锁，做任何事，有兴趣才能做好。我们这套书就像是打开探索科学的钥匙，向小朋友们循序渐进地讲解科学知识，在阅读过程中可以寻求爸爸妈妈、老师和同学的帮助，可以一起玩、一起做、一起学，让小朋友们的课外生活变得更加丰富多彩。

本书内容包括不一样的“水”和“冰”、气体与燃烧、非金属和金属、酸性与碱性、食物中的化学知识以及化学小常识。全书分为“准备工作”“实验方法”“探寻原理”三个模块，在各章的内容选择方面，侧重选取可操作性强、易于实现的实验来写。实验中的材料、工具都是源于生活中大家常见的生活物品，我们特别设置了“难易指数”这一项，小朋友可以依此选择是否需要爸爸妈妈的帮助。当小朋友们看到这些与日常生活息息相关却又极不寻常的化学现象时，所激发出的探究欲望是家长无法想象的，这对于开发孩子的认知能力是非常必要的。这种动手实验的形式使枯燥的文字阅读变成了一次美妙的探险，神秘的科学知识变得可观、可感、可做，更容易吸引孩子们的注意力，激发他们学习科学知识的兴趣。

需要注意的是，本书中部分实验存在一定的危险性，大家一定要注意安全，按照步骤规范进行。由于编者水平有限，书中不足之处在所难免，诚恳期待广大读者批评指正。

编　者

2016年10月

目录

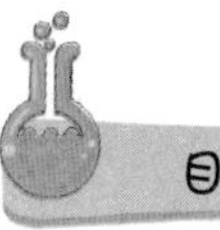

第一章
不一样的“水”和“冰”

1. 透过水垢看水质

难易指数：★★☆☆☆

准备工作

一杯自来水，一杯山泉水，两个水壶，一个火炉。

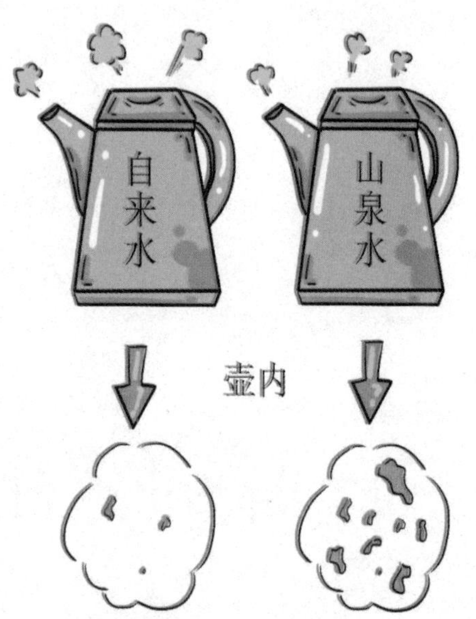

实验方法

（1）把自来水倒入一个水壶里面，拿着水壶放到火炉上加热，等自来水烧开后，将水壶取下，待其冷却。

（2）把山泉水倒入另一个水壶里面，同样拿着水壶放到火炉上加热，等泉水烧开后，将水壶取下，待其冷却。当两个水壶中的水都冷却之后，你会发现，装山泉水的水壶中出现了大量的水垢，而装自来水的水壶中出现的水垢较少。

探寻原理

自来水、山泉水都不是纯净的水，它们含有一些可溶性物质。山泉水的硬度较大，含有大量的可溶性物质；自来水的硬度较小，只含有少量的可溶性物质。可溶性物质在加热后会变成其他物质，并沉淀下来。因此，装山泉水的水壶会出现大量的水垢，而装自来水的水壶只会出现少量水垢。

2. 软、硬水试验

难易指数：★☆☆☆☆

一瓶肥皂水，家用饮水，两个玻璃杯，一双筷子。

（1）用玻璃杯取小半杯家用饮水。

（2）然后往玻璃杯里挤入5～6滴肥皂水，用筷子搅拌均匀。

（3）如果产生大量泡沫，并且没有垢状物，则说明家用饮水是软水。

（4）如果几乎没有泡沫，并且产生许多垢状物，则说明家用饮水是硬水。

原来还可以这样测软硬水呢？

当然了，小朋友们也可以用洗洁精来替代肥皂水。

水的软硬区分标准是水中钙、镁离子的含量，水中含钙、镁离子浓度大的为硬水，反之为软水。肥皂的主要成分为硬脂酸钠，与水中的钙、镁离子接触会发生复分解反应，生成不溶于水的硬脂酸钙和硬脂酸镁，因此肥皂水中有垢状物的话，说明水中钙、镁离子含量较高，是硬水，反之则是软水。

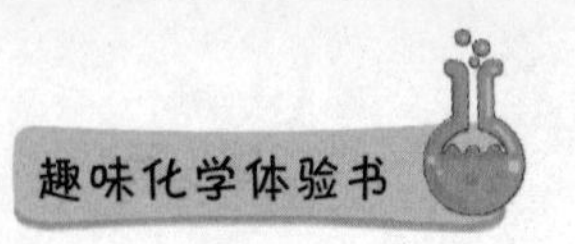

3. 橙色的水

难易指数：★★☆☆☆

准备工作

一个玻璃杯，一些速溶甜橙粉，一个小勺子。

实验方法

（1）在玻璃杯中装大半杯水。

（2）用小勺子去舀些甜橙粉。轻轻摇动小勺子，让甜橙粉撒在玻璃杯里的水面上。

（3）从杯子外侧观察杯子里的情况。同时，用小勺子往玻璃杯里不断地加入甜橙粉，直到有明显的颜色才停止加入这一过程中，你会看到粉末会沉入水中，最后完全消失。

（4）仔细观察，颜色发生了什么变化?

探寻原理

甜橙粉末会溶解在水中。在这个实验中，溶质指的是甜橙粉，而溶剂是水。溶质在溶剂中溶解就形成了溶液。

4. 消失的红色

难易指数：★★★☆☆

准备工作

一个大的广口玻璃瓶，一个玻璃杯，一瓶红色食用色素，水。

实验方法

（1）往玻璃瓶里倒入半杯水，滴入一滴红色的食用色素，搅匀。

（2）往玻璃瓶里一次加一杯水，直到水中的色素消失为止。

探寻原理

玻璃瓶中的水最初是红色的，这是因为红色色素溶于水中，色素分子距离很近，所以我们看到的水是红色的。在不断往玻璃瓶加水的过程中，色素分子会均匀地分布在水中，导致色素分子之间的距离变远，最后我们的肉眼就无法看见红色了。

5. 玻璃杯里的蓝墨水

难易指数：★★☆☆☆

准备工作

一杯热水，一杯冷水，一瓶蓝墨水，一支滴管，一台冰箱。

实验方法

（1）将装有冷水的杯子放入冰箱的冷藏室中，一小时后取出。

（2）分别向热水杯和冷水杯中滴入一滴蓝墨水。仔细观察，你会发现，冷水杯里的墨水扩散得很慢，而热水杯里的墨水很快就扩散成一片了。

探寻原理

温度高，水分子运动快，水分子在运动时，也会带动墨水快速运动。而冷水里的水分子不活跃，不能带动墨水快速运动。同样，由于水分子在热水里比冷水里活跃，盐、糖、奶粉等物质在热水里更容易溶解。

6. 黑色墨水中的彩色秘密

难易指数：★★★☆☆

准备工作

一支绿色的签字笔，一支黑色的签字笔，一张圆形过滤纸，一只盘子，一枚回形针。

实验方法

（1）将过滤纸对折两次，在过滤纸边缘附近，用绿色的签字笔画一暗绿色色块。

（2）在过滤纸的同一面，用黑色签字笔画一黑色色块。两种色块相隔几厘米。

（3）用回形针将过滤纸的折边固定在一起，使它呈圆锥形。

（4）盘子中装满水，将圆锥形过滤纸竖立在盘子上，并使过滤纸边缘浸入水中，静置一小时。一小时后，颜色会散开，在黑色色块上方出现了蓝色、黄色、红色的条纹，而绿色色块上方出现了蓝色和黄色的条纹。

探寻原理

黑色和绿色的墨汁是由多种颜料组合而成的。当溶有颜料的溶液沿纸的边缘向上爬升时，颜料就会跟着上升。分子量小的颜料移动到上层，分子量大的颜料则在下层。

7. 明矾能用来净水

难易指数：★☆☆☆☆

准备工作

一些明矾，一个玻璃杯，一瓶浑浊的水。

实验方法

（1）把浑浊的水倒入玻璃杯里，然后将明矾放入浑水里。

（2）过一会儿，你就会发现，玻璃杯里的浑水竟然变得清澈透明了。

探寻原理

明矾的主要成分是硫酸铝钾，它和水作用后会生成白色的絮状沉淀物——氢氧化铝，带有正电荷的氢氧化铝碰到带有负电荷的泥尘颗粒，就彼此“抱”在一起。这样一来，水就变得清澈透明了。

8. 无法溶解的绿豆和面粉

难易指数：★★☆☆☆

一些面粉，一把汤匙，一些干燥的绿豆，一个带盖子的广口玻璃瓶。

实验方法

（1）将两汤匙的绿豆和两汤匙的面粉同时放入玻璃瓶。

（2）然后，将玻璃瓶装满水，盖紧瓶盖。

（3）用力摇动玻璃瓶，使瓶内的物品充分混合。静置20分钟，观察瓶内的情形。你会发现，绿豆先下沉，然后绿豆表面会覆盖上一层面粉。

绿豆与面粉无法溶解于水中。当瓶子停止摇动，瓶内的物质受到重力的作用会下沉。绿豆密度大，所以最先下沉。而面粉的小颗粒，会浮在水中一段时间，然后再下沉。

9. 亲密无间的白糖水

难易指数：★★☆☆☆

准备工作

一个装满水的广口玻璃瓶，两个装满白砂糖的广口玻璃瓶，三个瓶子大小相同。

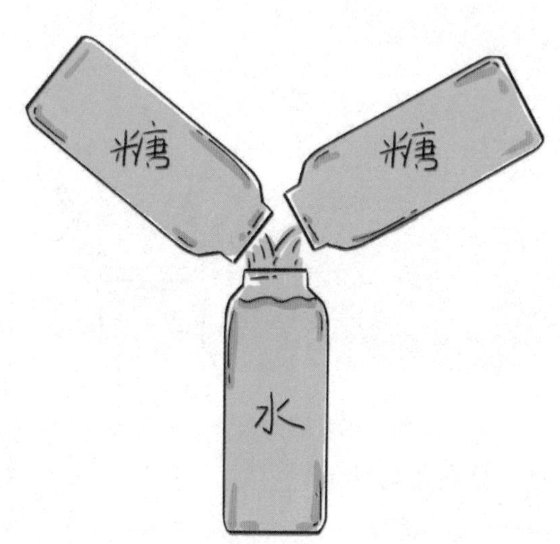

实验方法

将两瓶白砂糖逐渐地倒入装满水的瓶子中，你会发现白砂糖完全溶入了水里，同时水并没有溢出来。

这样算起来，一瓶水能装下两瓶白糖了呀！

你知道这是为什么吗？

探寻原理

水分子与水分子之间有许多的空隙，这些空隙可以容纳大量糖分子。所以把糖倒入水中后，不断运动的糖分子扩散到了水分子之间的空隙中，一瓶水就这样“装下”了两瓶糖。

10. 如何区分糖和盐

难易指数：★★☆☆☆

准备工作

一些糖，一些盐，两个玻璃杯（杯子内壁干燥），一口平底锅，两把汤勺，两块玻璃片。

实验方法

（1）将一勺糖和一勺盐分别放入两个玻璃杯中。

（2）向平底锅内加入一些水，然后将这两个玻璃杯放入平底锅中，并为这两个玻璃杯口分别盖上玻璃片。

（3）加热后你会发现，糖很快就熔化了，而盐却始终没有发生变化。

这样一来不用嘴尝也能分清糖和盐了！

你知道其中的原理是什么吗？

探寻原理

这一实验，就是以不同物质之间熔点不同的原理来区分糖和盐的。糖的熔点低，加热后很快就熔化了；盐的熔点高，不会发生改变。这样就可以区分出糖和盐了。

11. 盐是怎么析出的

难易指数：★★★☆☆

准备工作

一个玻璃杯，一袋食盐，一根筷子，一张滤纸，清水。

实验方法

（1）向玻璃杯里倒入半杯清水，然后一边往里面加食盐，一边用筷子搅拌，待杯子里的水变浑浊后，停止搅拌。

（2）用滤纸过滤掉没有溶化的盐，然后将玻璃杯放在太阳底下晾晒。三天后，你会看到玻璃杯的底部有一层盐，并且玻璃杯的水面也下降了。

探寻原理

在阳光的照射下，水会不断地蒸发，剩下来的水无法再溶解那么多的盐，盐便以固体的形式析出了。海水晒盐就是采用这一原理，先将海水引入海田中，增加海水的稳定性，然后再利用太阳光，升高海水的温度，促使海水加快蒸发，进而析出海盐晶体。

12. 水中的“霜”

难易指数：★★★☆☆

准备工作

一支试管，一袋食盐，一根玻璃棒，一支滴管，一台天平，一个量杯，清水，酒精。

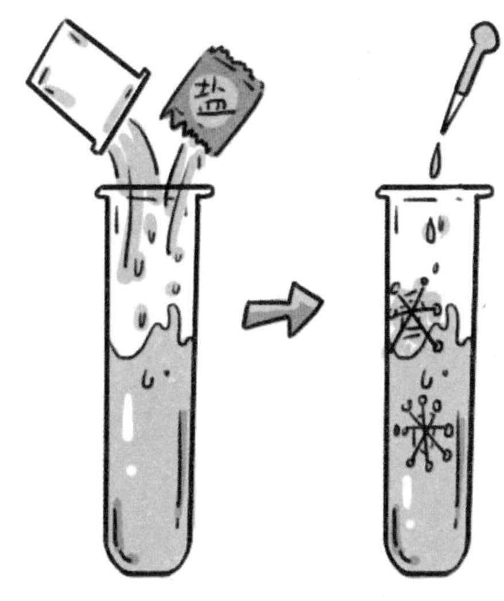

实验方法

（1）向试管中加入10毫升清水，再加入3.5毫克食盐，并用玻璃棒搅拌至食盐完全溶解。

（2）用滴管向食盐水中滴入3滴酒精，不一会儿，试管里就出现像霜一样的白色物质。

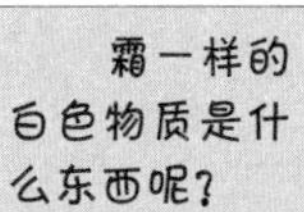

试管中的白色物质实际上就是食盐。

食盐能溶于水，却不溶于酒精。随着混合液中酒精含量的增加，其溶解食盐的能力随之下降。于是，原来已溶于水的食盐便以极细小的颗粒析出，看上去就像霜一样。

13. 冒气泡的食盐水

难易指数：★★★★☆

一个玻璃杯，一节1.5伏的电池，两张铝箔纸，一把勺子，一根筷子，水，食盐。

实验方法

（1）向杯子中装入八分满的水，然后加入3～4勺食盐，用筷子来回搅拌，调成食盐水。

（2）将铝箔纸搓成两根长度适宜的细棍，分别固定在电池的两极，作为导线。

（3）将导线插入食盐水中，这时，你会发现连接着电池负极那头的导线周围会冒出大量气泡。

探寻原理

这是电解食盐水的实验。连接电池后产生的电流能使食盐的主要成分氯化钠完全电离。在这种情况下，电池的正负极都会产生气体。正极产生的氯气能溶于水，所以我们看不到气泡；而负极产生的氢气不溶于水，所以我们在负极一侧看到有大量的气泡出现。

14. 分不清的苏打和小苏打

难易指数：★★☆☆☆

苏打，小苏打，两个玻璃杯，两把小勺，两支滴管，一双筷子，一瓶食醋。

实验方法

（1）在两个玻璃杯中分别加入半杯水，在一个玻璃杯里加入两勺苏打，另一个玻璃杯里加入两勺小苏打。

（2）用筷子搅拌，使两者分别充分溶解。

（3）然后分别向这两个玻璃杯中滴入食醋。

（4）你会发现，小苏打溶液立即冒出气泡，而苏打溶液过了一会儿才冒出气泡。

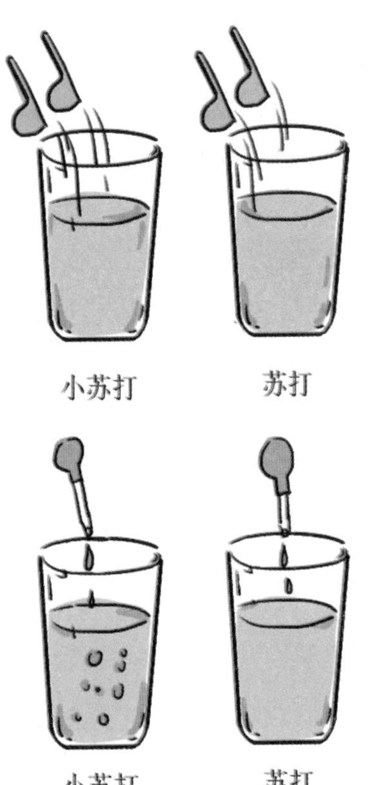

苏打，也称纯碱，其主要成分是碳酸钠，而小苏打的主要成分是碳酸氢钠。碳酸氢钠和醋的反应比较激烈，会马上生成二氧化碳并迅速地涌出。而碳酸钠遇到醋时，需要一段反应时间，之后才会生成二氧化碳。

15. 同量不同高

难易指数：★★☆☆☆

准备工作

两个透明的玻璃杯，两把勺子，酒精，水。

实验方法

（1）在一个玻璃杯中放入两勺水，在另一个玻璃杯中放入一勺水和一勺酒精。

（2）观察这两个玻璃杯中液体的高度，你会发现放一勺水和一勺酒精的杯子里的液体比放两勺水的杯子里的液体的高度低。

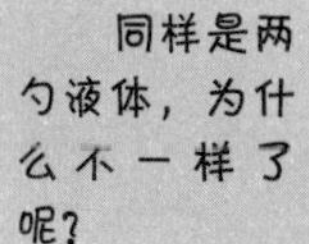

探寻原理

物质的分子间存在一定的间隙，水分子之间的间隙相同，将两勺水放在一起，无法填补彼此间的间隙；而水和酒精放在一起时，水分子会填补酒精分子之间的间隙，所以才会出现同量不同高的现象。

16. 不相溶的水和油

难易指数：★★★☆☆

准备工作

一瓶食用油，一个量杯，一瓶红色的食用色素，一个带盖的广口玻璃瓶。

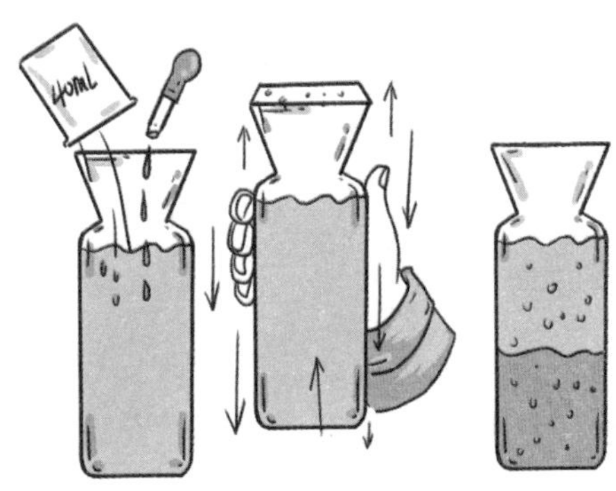

实验方法

（1）向玻璃瓶里倒入半杯水，然后滴入4滴红色食用色素于玻璃瓶内，使水变成红色。

（2）向玻璃瓶里慢慢地倒入40毫升食用油，盖紧瓶盖，然后用力摇动玻璃瓶，使瓶内的液体充分混合。将玻璃瓶放在桌子上，观察瓶内的情况。

（3）刚开始，瓶子里的液体看起来好像混合在一起，几秒钟以后就分为三层。几分钟以后，变成了两层。每一层的液体中都有液泡出现。

探寻原理

油和水无法溶合在一起，这种不相溶的混合液，叫作“乳浊液”。当你用力摇动玻璃瓶时，会让油和水互相混合，但很快地水和油又分离开来。水比油重，因此水在下层，有时油滴也会混入其中。在中间一层，水和油均匀混合，其性质是比油重但比水轻，所以夹在中间。最上层是含有少量水滴的油层。大约8小时后，水滴和油便会完全分离，形成明显的水层和油层。而食用色素是水溶性的，所以只会在水层里溶解。

17. 相“溶”的油和水

难易指数：★★★☆☆

准备工作

油，水，蓝色色素，一袋肥皂粉，两只玻璃杯，一根筷子，一把小勺。

实验方法

（1）向玻璃杯中倒入小半杯水，并加入蓝色色素，用筷子不断搅拌。

（2）加入少量的油，可以看到黄色的油与蓝色的水分为上下两层。

（3）用勺子向玻璃杯里加入肥皂粉并用筷子搅拌，很快，油和水溶在一起了，玻璃杯里是一整杯蓝色的液体。

探寻原理

乳化作用是将一种液体分散到第二种不相溶的液体中去的过程。肥皂粉是比较典型的乳化剂，它能去除衣服上的油污，是因为它跟油和水的“关系”都不错，能把油污从衣服上“拉到”水中。

18. 难溶于水的淀粉

难易指数：★★★☆☆

准备工作

一口小锅，一个水杯，一双筷子，一袋淀粉，一杯清水，一张报纸，一盏台灯，一袋白砂糖，两个勺子。

实验方法

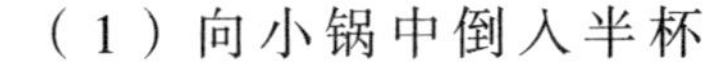

（1）向小锅中倒入半杯水，取一勺淀粉放入锅中，再将小锅放在火上加慢慢热，并用筷子搅拌。待水开后，淀粉变成了糊状。

（2）在一杯清水中，倒入一点糊状的淀粉，用筷子搅拌，直至淀粉完全消失。在报纸上开一个小洞，把报纸放在台灯和这杯淀粉之间，你能看到通过洞口的光线。同样的做法将淀粉换作白砂糖，却看不到洞口有光线通过。

探寻原理

白砂糖易溶于水，它在水中会分解成一个个小分子，因为分子太小了，所以无法吸收和反射光线。而淀粉不易溶于水，它在水中的浓度大约只有1%，因此，其他未溶解的淀粉在水里只能分解成微小的颗粒，这些小颗粒可比糖分子要大得多，所以仍能吸收和反射光线。

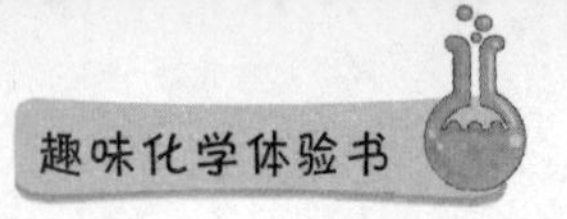

19. 速溶浓汤宝

难易指数：★★☆☆☆

准备工作

两块浓汤宝的固体块，两个杯子，一根筷子，冷水，热水。

实验方法

（1）向一个杯子里倒入冷水，然后放入一块浓汤宝，再把这个杯子放置一旁。

（2）向另一个杯里倒入热水，然后放入另一块浓汤宝，然后用筷子搅匀。

（3）你会发现，浓汤宝在热水里更容易溶解。

探寻原理

当固体溶解时，溶质会均匀地分布在溶剂中。本实验中，浓汤宝为溶质，水为溶剂。高温会加速水分子的运动。当水分子与浓汤宝的颗粒碰撞时，会使浓汤宝变小，再加以搅拌，会使浓汤宝的颗粒变得更小，更快地溶解在水中。如果将浓汤宝放入冷水中，虽然最后浓汤宝也会溶解在水中，却需要较长时间。

20. 神奇的石灰水

难易指数：★★☆☆☆

准备工作

一个玻璃杯，一根吸管，澄清的石灰水。

实验方法

（1）将石灰水倒进玻璃杯里，然后将吸管插入盛有石灰水的玻璃杯里。

（2）向石灰水中吹气，不一会儿，石灰水颜色会变白。继续向变白的石灰水中吹气，白色的石灰水逐渐变为透明。

（3）继续吹气，石灰水会再次变白，重复着“变白—变透明”的过程。

探寻原理

从口中吹出的气体含有二氧化碳，澄清的石灰水的主要成分是氢氧化钙。这两种物质相遇后，就会生成碳酸钙。碳酸钙呈白色，所以看上去水会变得混浊。继续吹气，碳酸钙和二氧化碳、水又发生了反应生成碳酸氢钙，因为碳酸氢钙易溶于水，所以杯子里的水就变透明了。

21. 手指入水不湿

难易指数：★★☆☆☆

准备工作

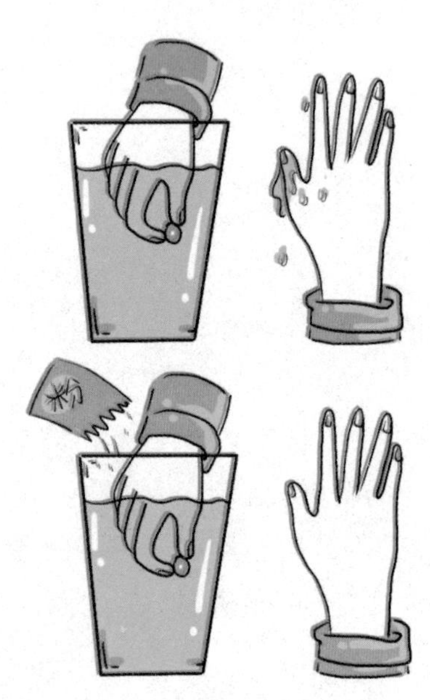

一个广口玻璃杯，一瓶水，玻璃球，痱子粉，干毛巾。

实验方法

（1）把弹珠放入盛水的玻璃杯中，伸手去拿玻璃球，你会发现，一接触到水，手指就变湿了。

（2）用干毛巾把手擦干。把玻璃球重新放入玻璃杯中，在水面撒上一些痱子粉。

（3）再用手去拿玻璃球。这时，你会惊奇地发现，手竟然没有被杯中的水浸湿。

探寻原理

痱子粉的主要成分是滑石粉，滑石粉不溶于水，却很容易粘在手指上。正是因为粘在手指上的滑石粉隔离了水，手指才不会被杯中的水浸湿。

22. 制作泡泡水

难易指数：★★☆☆☆

准备工作

一瓶洗洁精，一瓶水，一袋白糖，一袋食盐，一根粗的吸管，一根筷子，两个碗。

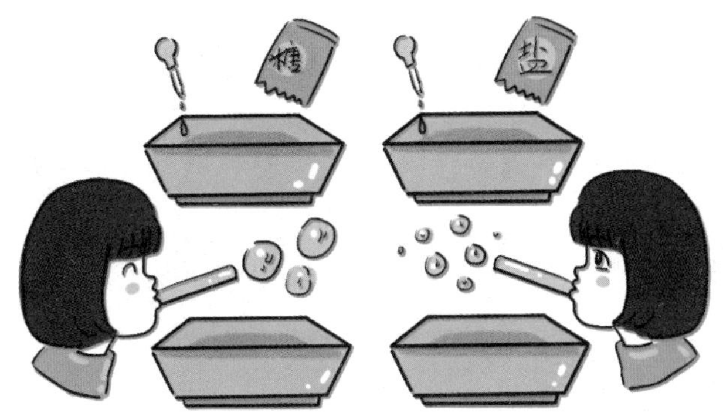

实验方法

（1）向一个碗里倒入一半水，滴入1滴洗洁精，再加入少量白糖。

（2）向另一个碗里倒入一半水，滴入1滴洗洁精，再加入少量食盐。

（3）用吸管分别蘸取这两个碗中的溶液，然后吹一下。

（4）你会发现，用加入白糖的洗洁精溶液可以吹出大泡泡，而用加入食盐的洗洁精溶液只能吹出小泡泡。

探寻原理

用加白糖的洗洁精溶液能吹出大泡泡，是因为白糖在水中是以分子的形态存在的；而用加食盐的洗洁精溶液吹出的是小泡泡，是因为食盐在水中是以离子的形态存在的。分子比离子的体积稍大，且分子之间的间隙比离子之间的间隙大，所以用放有白糖的洗洁精溶液吹出来的泡泡比放有食盐洗洁精溶液的大。

23. 泡泡不见了

难易指数：★★★☆☆

准备工作

一杯清水，一块肥皂，一瓶食醋，一个杯子，一根细铁丝，一根筷子，一把小刀。

实验方法

（1）用小刀切一小块肥皂，然后将切好的肥皂放入杯子里，在杯子里加水，用筷子搅拌使肥皂完全溶解。

（2）用细铁丝折成一个带长把的小铁圈，放入肥皂水中蘸一下，然后对着小铁圈吹气。这时，你会看到很多五颜六色的泡泡。

（3）往杯子里倒入一些醋，用筷子搅匀，然后再用小铁圈蘸一下，你会发现，无论你再怎么使劲吹，也无法吹出泡泡了。

探寻原理

肥皂的主要成分是高级脂肪酸钠盐，它的水溶液能增强水的表面张力。因此，用它能吹出泡泡。但食醋中的醋酸能够与各种钠盐发生反应，并能生成减少水面张力的物质。所以，在肥皂水中加些醋，你就吹不出泡泡了。

24. 洗衣粉的奥秘

难易指数：★★★☆☆

一袋洗衣粉，两根白色的细绳子，一把汤匙，两个玻璃杯，一个碗，水，食用油。

实验方法

（1）在碗里倒少许食用油，将两根绳子浸入油中，然后取出来，制成两根沾满油污的绳子。

（2）在一个玻璃杯里加入洗衣粉，然后加入适量的水，用汤匙搅拌均匀；在另一个玻璃杯中加入清水。

（3）把两根绳子分别放到两个玻璃杯中。你会发现，在装清水的杯子里，绳子会浮在水面上。而在装有洗衣粉的杯子里，绳子却很快沉到杯底。

实验中，绳子在装有洗衣粉的杯子里下沉了，是因为加入洗衣粉后，降低了原有的水面张力。洗衣粉是由多种物质组成的混合物。其中，有洁净能力的组成物由许多分子构成，这些分子的一端很容易和水混合，形成"亲水端"；另一端很容易和油混合，形成"亲油端"。洗衣粉与油污相遇后，"亲油端"会紧紧抓住油污，"亲水端"则从外面把油污围住，从而浸湿衣服，将衣服洗干净。

25. 消失的墨迹

难易指数：★★☆☆☆

准备工作

一瓶墨水，一瓶清水，消毒液，两个透明的玻璃杯。

实验方法

（1）在一个玻璃杯中倒入一些清水，并滴入几滴墨水。

（2）在另一个玻璃杯中倒入一些消毒液，然后把滴有墨水的水倒入，轻轻摇晃几下玻璃杯。你会发现被墨水染黑的水又变得清澈了。

探寻原理

消毒液中含有次氯酸钠，它能够与墨水中的色素发生反应，生成无色化合物，因此使得水又恢复了洁净。

26. 不会腐烂的虾

难易指数：★★★☆☆

准备工作

两只虾，两个玻璃杯，医用福尔马林，清水。

实验方法

（1）取出两个玻璃杯，一个倒入福尔马林，另一个倒入清水。

（2）将一只虾浸泡到福尔马林中，另一只虾浸泡到水中。

（3）将这两个杯子放置两周。在这期间，不断向杯子中分别续加福尔马林和水，以确保虾完全浸没在液体中。

（4）两个星期后，你会发现，泡在水中的虾腐败变质，而泡在福尔马林中的虾外表微微泛红并且十分透亮，个头也增大了不少，还能闻到一股药水味。

探寻原理

福尔马林的主要成分是甲醛，它无色透明，具有腐蚀性。它能够与蛋白质中的氨基酸结合，使蛋白质凝固。因此浸泡在福尔马林中的虾没有腐烂。

27. 冰水变得更冷

难易指数：★★★☆☆

准备工作

一个小的金属杯子，一支室外温度计，一瓶食盐，一把汤匙，一些冰块。

实验方法

（1）在空杯子里装满冰块。然后，向杯子里倒水，使水淹没冰块。

（2）将温度计插入杯中，30秒后，记下冰水的温度。

（3）往杯子里加入一汤匙的盐，然后用温度计轻轻搅拌。30秒后，记下液体的温度。

（4）通过比较，你会发现，加盐后的冰水温度更低。

探寻原理

盐粒溶解在水中时，需要吸收热量。当盐粒吸收了水的热量以后，水的温度就会下降。

28. 被“钓”起的冰

难易指数：★★★☆☆

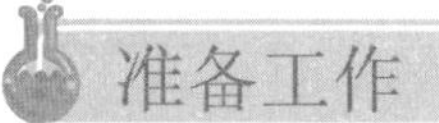

一个玻璃杯，一袋食盐，一根细线，一块冰块。

实验方法

（1）把冰块放进玻璃杯中，然后将细线的一端放在冰块的表面，另一端搭在玻璃杯口。

（2）在搭着线的冰块表面撒上一些食盐。

（3）30秒后，小心提起线，冰块被“钓”起来了。

这个实验的原理又是什么呢？

你再好好想一想！

探寻原理

冰块上撒有食盐的地方会融化，形成小水窝，而细线则会浸入其中。随着冰块的融化，食盐的浓度逐渐下降，融化冰的能力减弱，再加上冰融化时吸热，所以30秒后，小水窝里面的水会重新结冰。于是，细线就被冻在冰块里了，所以能把冰块“钓”起来了。

29. 水结冰后体积的变化

难易指数：★★★☆☆

准备工作

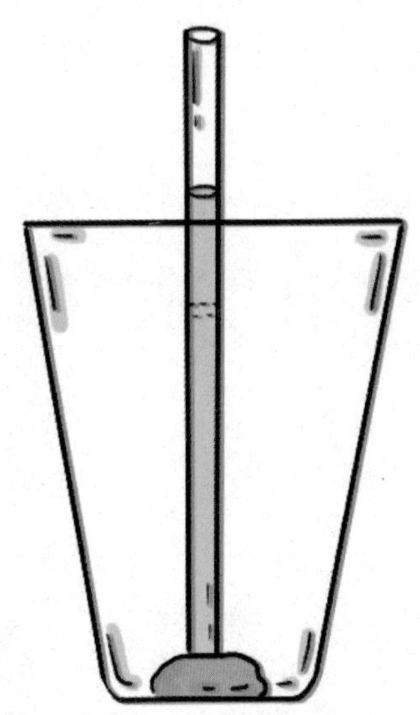

一根吸管，一个小玻璃瓶，一瓶红色食用色素，一支签字笔，一小块橡皮泥。

实验方法

（1）把橡皮泥压入瓶底，在瓶内装满水。向瓶子中滴入4～5滴红色食用色素，搅拌均匀。将吸管慢慢地插入橡皮泥中，使吸管能直立。

（2）慢慢地倒掉瓶子里的水，记下吸管中水柱的高度。将瓶子放入冰箱的冷冻室中放置5个小时。取出瓶子，观察吸管里水柱的高度，吸管里的水结冰后居然变高了。

探寻原理

水分子之间会互相吸引，当它们离得非常近时就会结合在一起。但是，水分子与水分子之间是有空隙的。在较高的温度下，液态的水分子能自由靠近，彼此之间的距离小，所以占用的空间小，体积也小。当温度降低到冰点时，水分子会相互结合形成六面体的冰结构，水分子之间的距离变大，体积也随之变大。所以，吸管里的冰柱会变高。

30. 自制水果冰块

难易指数：★★☆☆☆

一瓶橙汁，一个制冰盘。

实验方法

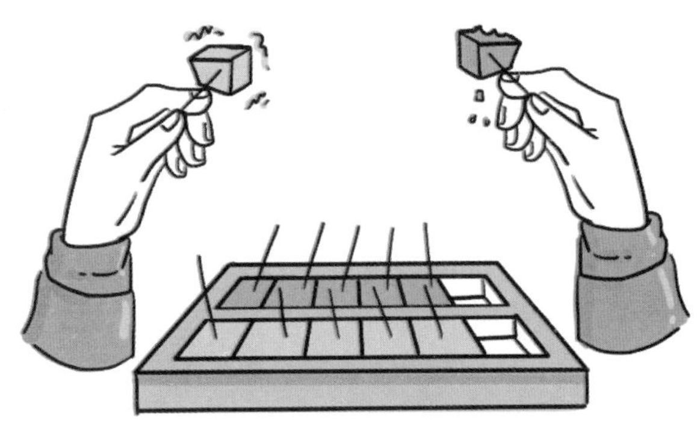

（1）在制冰盘的一半格子里倒满橙汁，将制冰盘的另一半格子倒满水。

（2）然后将制冰盘在冰箱的冷冻室里面。

（3）第二天取出冰块，试咬一下两种冰块。

（4）橙汁与水都会从液态的水变为固态的冰块，但橙汁结成的冰块没有水结成的冰块硬度大，更容易咬碎。

在结冰的过程中，两种液体都会散失热能，变成固体。橙汁结成的冰没有水结成的冰硬度大，是因为橙汁里的一些物质并没有冻结。许多溶液完全结冰的温度在零度以下。橙汁冻结的冰块是冻结的水和其他未冻结物质的混合物，所以尝起来的口感不会像完全由水结成的冰块那样硬。

31. 无法结冰的盐水

难易指数：★★☆☆☆

准备工作

两个纸杯，一些食盐，一把汤匙，一支签字笔，一卷胶带纸。

实验方法

（1）将两个纸杯都装上半杯水。在其中一个纸杯里放入一汤匙食盐，搅匀，并用写有“盐”字的胶带纸粘在杯子外侧。

（2）把两个纸杯同时放入冰箱的冷冻室里，每隔30分钟，观察一次两个纸杯里的水的情况，直到看到一个纸杯里的水先结冰。

（3）一天以后，再打开冰箱冷冻室的门，取出两个纸杯，观察发现盐水还是没有结冰。

探寻原理

食盐溶解于水中，从固体变成液体需要热能，所以盐会夺取周围水的热能，使水温降低。无添加的纯水在零度时，水分子就会开始结冰，形成六方体的冰晶结构。但在加入食盐的情况下，盐分子均匀地分布在水分子之间，会阻碍水分子联结的过程。只有在非常低的温度下，盐水才有可能结成冰块。

32. 工业盐竟然能融雪

难易指数：★★☆☆☆

准备工作

一个罐头盖，一袋工业盐（主要成分是氯化钠），一把小勺，积雪。

实验方法

（1）下雪后，用小勺舀一些干净的雪，放在罐头盖上。

（2）在雪上均匀地撒一层工业盐。片刻之后，雪就融化了。

工业盐怎么把雪融化了？

原理其实很简单！

通常情况下，水的冰点是0℃，而工业盐溶液的冰点远低于0℃。雪是水的固态存在形式，它的冰点也是0℃。但当雪和工业盐混合后，会变成工业盐溶液，如果室外温度大于工业盐溶液的冰点，与工业盐混合的雪就不会再结冰了。

33. 冻鱼复活了

难易指数：★★★★☆

准备工作

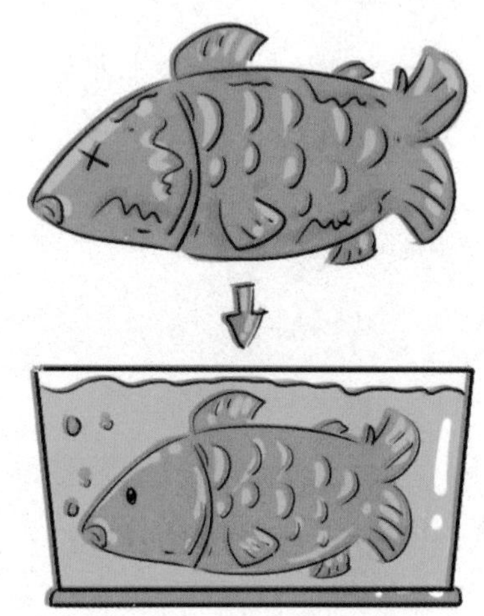

一个大玻璃缸，一只小烧杯，纱手套，一把角匙，一条活鱼，干冰雪。

实验方法

（1）将活鱼从水缸里捞出，放入盛有少量水的小烧杯里，迅速将干冰雪倒进小烧杯里，覆盖在活鱼身上。这时，鱼、水及烧杯冻成一体。

（2）将冻鱼连同小烧杯放入盛水的玻璃缸里，随着小烧杯里的冰块融化，“死鱼”又复活了。

实验时，需要注意哪些事项？

由于干冰雪温度很低，操作时应该戴手套；玻璃缸里尽可能多盛些水，这样冻鱼可以很快复活。

探寻原理

鱼被冻上后，体内的循环系统由于低温暂时停止运作，但并没有被破坏。待冰块融化，鱼体回温，循环系统又重新开始运作，于是“死鱼”复活了。

34. 人造雪屋

难易指数：★★★★☆

一个大玻璃钟罩，一个木框架，一个酒精灯，塑料树枝及小屋等装饰物，苯甲酸（安息香酸）5克或者萘卫生球。

实验方法

（1）木框架里面放一个酒精灯，木框架上面用树枝，小屋等布置出自然景色，放入苯甲酸。点燃酒精灯，然后罩上大钟罩。

（2）5分钟以后，你会看到钟罩内呈现一片寒冬雪景。

好漂亮的“雪景”啊！

你知道制造这种雪景的原理是什么吗？

苯甲酸是白色固体，点燃酒精灯后，受热升华，气体遇到玻璃钟罩，遇冷又凝成白色结晶，于是就出现了这样的雪景。

35. 金色雪花

难易指数：★★★★☆

准备工作

两支试管，一个量筒，一个天平，一把骨匙，一个酒精灯，硝酸铅，碘化钾。

实验方法

（1）向一支试管里，加入约3克硝酸铅，加入10毫升水，加热溶解。

（2）另一支试管里加入约3克碘化钾，加入10毫升水，加热溶解。将两支试管里的溶液混合在一起，使混合液冷却。

（3）一会儿，你就会看见溶液中析出闪闪发光的晶体，好像金色雪花一样。

探寻原理

硝酸铅和碘化钾反应能生成溶解度较小的金黄色碘化铅沉淀，这金黄色碘化铅沉淀在溶液中金光闪闪，就像金色的雪花。

36. 洁白的“雪松”

难易指数：★★★★☆

一个大烧杯，一个玻璃漏斗，镀锌铁丝，一个酒精灯，明矾，一团脱脂棉花。

实验方法

（1）取一个大烧杯，加入4/5体积的清水，用酒精灯加热，一边搅拌，一边加入明矾，一直加到明矾不能再溶解。

（2）取一个玻璃漏斗，在漏斗内玻璃管口塞一团脱脂棉花，趁热进行过滤，保留滤液，该滤液为明矾的饱和溶液。

（3）先用铁丝扎出一个松树模型，然后将它悬挂在步骤（2）中的饱和溶液里。当温度下降，明矾晶体便不断地凝积在铁丝上，一棵洁白的“雪松”就呈现出来了。

明矾在热溶液里溶解度较大（例如90℃时100克水里可溶解109克明矾），在室温中溶解度大大降低（例如20℃时100克水里可溶解5.9克明矾）。所以，在温度较高时制得的明矾饱和溶液，冷却后就能析出晶体。雪松上覆盖着的正是明矾的晶体。

注意，用脱脂棉花过滤热的明矾饱和溶液速度比较快，如果用滤纸过滤容易被析出的晶体阻塞。必要时，可以用保温漏斗装置进行过滤。

37. 热水里的“雪花”

难易指数：★★★★☆

准备工作

一瓶热水，一根木棒，一个玻璃杯，一根扭扭棒，一根细铁丝，一根筷子，一把剪刀，一把小勺，硼砂。

实验方法

（1）将扭扭棒剪成长度相同的三段，并用细铁丝将它们的中点绑在一起（细铁丝要长一些，方便留出一部分），做成雪花形状。

（2）向玻璃杯中注入热水，用勺子加入硼砂，并用筷子搅拌，直至加入的硼砂不再溶解。

（3）把扭扭棒做成的“雪花”放入溶有硼砂的热水中，细铁丝的另一端系在木棒上，木棒横放于玻璃杯上静置一晚。第二天早上将“雪花”从水里拉出，上面布满了冰晶，一朵美丽的“雪花”形成了。

探寻原理

通常温度越高，水能溶解的物质越多。往热水中不断加入硼砂使之饱和，当热水冷却后，热水里面的硼砂就会以晶体的形式析出，这种现象被称为“结晶”。

38. 摩擦结“冰”

难易指数：★★★★☆

准备工作

十水硫酸钠（俗名芒硝），一个玻璃杯，一个温度计，一杯冷水，半盆热水，一双筷子，一张纸片。

实验方法

（1）在玻璃杯中倒入一半冷水，并加入十水硫酸钠，用筷子搅拌至十水硫酸钠不能溶解为止。

（2）用温度计测盆里热水的温度，待达到32.4℃后，将玻璃杯放入盆中，再次向玻璃杯中加入十水硫酸钠，用筷子搅拌，直至十水硫酸钠不能溶解。用纸片盖住玻璃杯口，静置冷却。一小时后，将纸片移开，拿出玻璃杯。用筷子剧烈摩擦玻璃杯壁，你会发现，液体中出现了“冰块”。

探寻原理

十水硫酸钠在32.4℃时，溶解的数量会比正常温度下多，所以，步骤（1）、（2）中配置的是“过饱和溶液”。“过饱和溶液”很不稳定，容易析出部分溶质，变成饱和溶液。用筷子摩擦玻璃杯壁时，会破坏溶液的过饱和状态，于是，过量的十水硫酸钠便快速地结晶析出，以“冰块”的形式出现。

39. 快速“结冰”

难易指数：★★★★☆

准备工作

一支大试管，十水硫酸钠（俗名芒硝），一个酒精灯，纯净水。

实验方法

（1）将水和十水硫酸钠按1:1.5的比例配好，倒入大试管中，然后用酒精灯加热。

（2）待十水硫酸钠完全溶解于水后，撤掉酒精灯，停止加热。

（3）几分钟后，待试管中的水冷却了，再向试管里放一粒十水硫酸钠晶体，这时，你就会发现试管中的“水”一下子就结成“冰块”了。

太不可思议了！

其实这不是真正的冰块哦！

探寻原理

水和十水硫酸钠的混合液在遇到晶体状的十水硫酸钠后，就会以晶体下沉所经过的路径为中心，在四周快速地结晶，进而很快就凝结成“冰块”。这种“冰块”其实就是十水硫酸钠晶体。

40. 动手制作霜

难易指数：★★★☆☆

一些小冰块，一些食盐，一把汤匙，一个金属杯。

实验方法

（1）将金属杯装满冰块，然后将杯里倒满水。然后静置几分钟，直到杯外有水滴出现。

（2）往杯里的冰水中加入3汤匙食盐，轻轻搅匀。然后静置几分钟，直到杯子外侧出现一层薄薄的霜状物质。

（3）你会发现，金属杯的外侧先是出现水滴。往冰水中加盐以后，杯子外侧的水滴会结冰。

空气中含有水蒸气，当水蒸气接触到温度低的金属杯时，水蒸气就会凝结成水。当盐溶解在水中时，从固态变成液态，要从水中吸热，所以会降低冰水的温度，使金属杯体温度下降到0℃以下，于是杯壁上的水滴就凝结成了薄霜。

41. 金属“霜花”

难易指数：★★★☆☆

准备工作

两块干净的玻璃片，薄锌片，医用硝酸银溶液。

实验方法

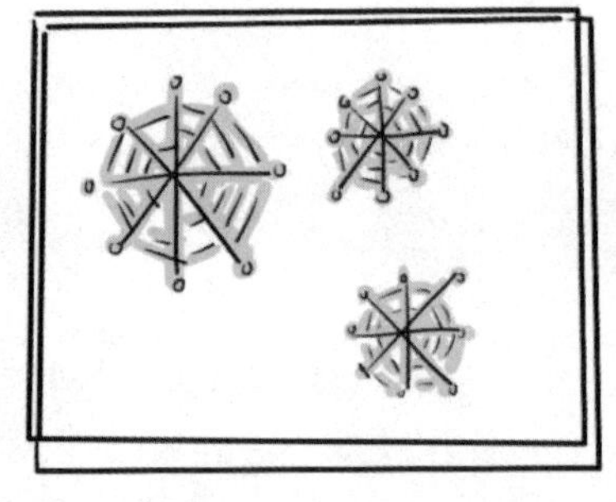

（1）将薄锌片放到较大的玻璃片中央，在较小的玻璃片边缘滴一滴硝酸银溶液。

（2）然后轻轻地把两块玻璃片压在一起，这时，溶液会在两块玻璃片之间慢慢地扩散开来。将其放置一段时间后，你就会看到玻璃片上长出了“霜花”。

探寻原理

硝酸银溶液在玻璃片之间扩散后，会遇到薄锌片。这时，锌会置换硝酸银中的银离子。当银离子被完全置换出来之后，玻璃片上就出现银单质，银单质在阳光下闪闪发光，就像冬天结在玻璃上的霜花一样。

42. 别致的“冰凌花”

难易指数：★★★★☆

准备工作

泻盐（医用硫酸镁），清水，一个玻璃杯，一口平底锅，一根筷子，一瓶胶水，一块玻璃，一团棉花团。

实验方法

（1）把玻璃杯1/4容积的清水倒入平底锅，再将锅放到火炉上加热。

（2）缓慢将泻盐加入到锅里，用筷子搅拌，当泻盐无法再溶解时，停止加入。

（3）把平底锅从火炉上取走，然后向平底锅中滴入一两滴胶水，并用筷子搅拌均匀。

（4）把玻璃放在桌子上，用棉花团蘸取锅中的混合液，并均匀地涂抹在玻璃上。一段时间后，玻璃上出现了针状的结晶，像冰凌花一样美丽。

探寻原理

硫酸镁是一种十分奇异的结晶化合物，玻璃上像冰凌花一样独特别致的结晶体就是硫酸镁。

43. 白色毛茸茸的木炭

难易指数：★★★☆☆

准备工作

4~5块木炭，一瓶氨水，4把汤匙，一些漂白剂，一个玻璃杯，一个大玻璃碗。

实验方法

（1）把木炭全部放入玻璃碗中，在一个玻璃杯里倒进一汤匙氨水、一汤匙食盐、一汤匙水及两汤匙漂白剂，搅拌均匀。

（2）把玻璃杯里的液体倒在碗中的木炭上，静置72小时，然后观察木炭的情形：木炭的表面会出现白色毛茸茸的结晶，碗的内壁也会出现一些白色毛茸茸的结晶。

探寻原理

实验中，几种化学物质会溶解在水中，形成溶液。当溶液中的水分蒸发后，会在溶液表面形成一层薄薄的结晶。这些结晶体像海绵一样有很多的小孔，因此下方的溶液会渗透进小孔。当小孔里的水分蒸发以后，又会在溶液表面形成另一层结晶体。如此反复，木炭表面就会产生一层又一层堆积着的毛茸茸的白色结晶体。

第二章
气体与燃烧

1. 自制碳酸饮料

难易指数：★★★☆☆

准备工作

凉开水300克，柠檬汁1.5克，白糖8克，小苏打（碳酸氢钠）1.5克，一个500毫升玻璃瓶，适量果汁。

实验方法

（1）在500毫升的玻璃瓶里加入8克白糖和适量果汁、1.5克小苏打、凉开水、1.5克柠檬汁。

（2）立即旋紧瓶盖，摇匀，放入冰箱。

（3）半小时以后，清甜可口的汽水就制成了。

以后想喝碳酸饮料就可以自己动手制作了！

喝太多碳酸饮料对身体没有益处哦！

探寻原理

碳酸氢钠与柠檬酸反应，能生成二氧化碳，而二氧化碳与水反应能生成碳酸，因而就制成了碳酸饮料。

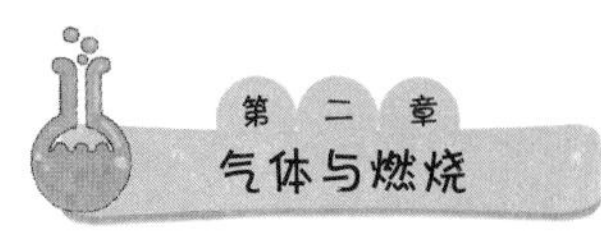

2. 玻璃杯里的泡沫

难易指数：★★☆☆☆

准备工作

一根粉笔，一个玻璃杯，一瓶柠檬汁，一把小勺，水。

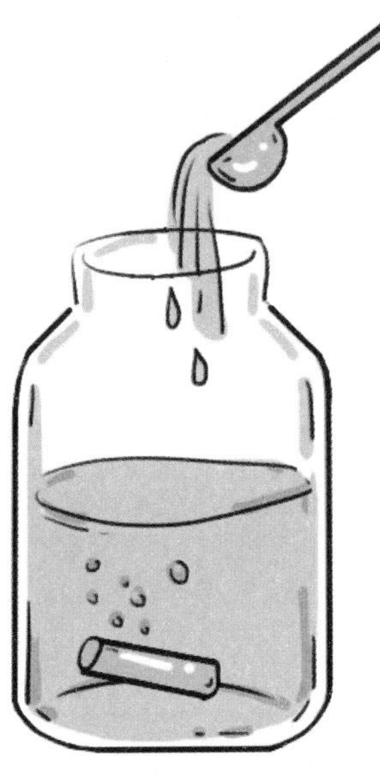

实验方法

（1）先往玻璃杯里倒入2/3体积的水，然后再放入一勺柠檬汁。

（2）把粉笔放入玻璃杯里，静置一天。

（3）一天后，你会发现玻璃杯中出现了许多泡沫。

探寻原理

柠檬汁里含有酸性物质，粉笔中含有石灰石，石灰石遇到酸性物质，发生化学反应生成二氧化碳气体。实验中看到的泡沫就是这些二氧化碳气体。

3. 自制氨气

难易指数：★★★☆☆

一团头发，一支试管，一个酒精灯，一张红色试纸。

（1）取一团头发，然后把它们剪碎放入试管中。

（2）将试管放在酒精灯上加热，你会发现头发很快分解了。

（3）用红色试纸检验管内放出的气体。你会发现红色试纸变成了蓝色。

探寻原理

管内产生的碱性气体，就是氨气。头发中含有蛋白质，蛋白质是由氨基酸组成的。氨基酸含有氨基和羧基，它加热后会产生氨气。

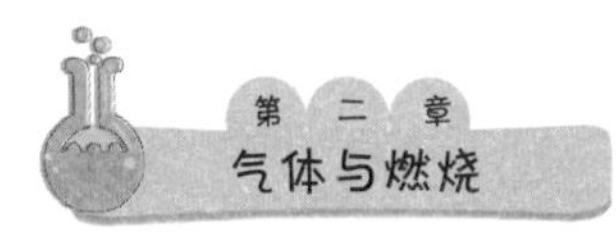

4. 氦气会变声

难易指数：★☆☆☆☆

准备工作

充满氦气的气球。

实验方法

（1）用正常的声音说一句话，然后从气球里吸一口氦气，再说一遍刚才的话。

（2）你会发现，你的声音变得不一样了。

氦气是怎么做到让我变声的呢？

小朋友们一起来想一想原理是什么吧！

探寻原理

吸入氦气后，口中的空气柱振动变小，和吸入空气后的振动方式不同，这样我们的声音就发生了变化。

5. 哪个气球掉下来

难易指数：★☆☆☆☆

准备工作

一个充氦气的气球，一个自己吹的气球。

实验方法

（1）在客厅里放飞这两个气球。

（2）你会发现，充氦气的气球会飞起来，并且最终贴在天花板上。而自己吹的气球，会落在地板上。

探寻原理

因为氦气的密度比空气的密度小，所以它会带着气球向上飞。而你吹出来的气球中，充满的是二氧化碳气体，二氧化碳气体密度大于空气的密度，所以气球会落在地板上。

6. 气体也有重量

难易指数：★★★☆☆

准备工作

两个纸袋，一本厚书，两把尺子，细绳，食醋，小苏打，一个大玻璃杯。

实验方法

（1）将书放在桌子的边缘，并在书下面压一把尺子，尺子要有一部分悬空于桌外。然后，在另一把尺子的中间系上细绳（绳子要留出一个环），将绳环套在书下的那把尺子上。

（2）将两个纸袋悬挂于吊着的尺子上，并使二者保持平衡。

（3）将食醋和小苏打放入大玻璃杯中，用于制取二氧化碳气体。

（4）把所得到的二氧化碳气体倒入其中一个纸袋里，你会发现，尺子朝这个纸袋的方向倾斜。

探寻原理

体积相同的条件下，二氧化碳重量大于空气，因此，当其中一个纸袋充满等体积的二氧化碳时，尺子会向这一纸袋方向倾斜。

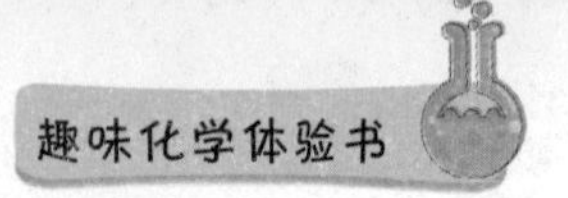

7. 会飞的塑料袋

难易指数：★☆☆☆☆

准备工作

大而轻的塑料袋，透明胶带，电吹风。

实验方法

（1）用透明胶带将塑料袋口束小至与电吹风出风口等同的大小。

（2）打开电吹风，向塑料袋里吹热风，直至塑料袋被热热的空气胀得满满的。

（3）用透明胶带迅速封好塑料袋袋口，试着放开塑料袋。你会发现，塑料袋“飞”起来了，直至袋子里的空气冷却后，才会落到地上！

探寻原理

热量会使空气膨胀起来，当空气受热膨胀后，比重会变轻而向上升起，因此，塑料袋就飞起来了。热气球升空，就是依据这个原理。

8. 占位置的空气

难易指数：★★☆☆☆

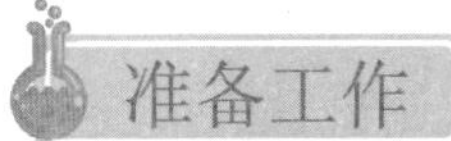

一个瓶子，一个漏斗，水，橡皮泥。

实验方法

（1）把漏斗插进瓶子里，用橡皮泥把漏斗和瓶子的连接处密封。

（2）把水倒进漏斗里。这时，你会发现水不流向瓶子，只留存在漏斗里。

空气还会占位置呢？

是啊！实际上瓶子里装满了无色无味的空气。

瓶内的气压与瓶外的气压相等，而漏斗和瓶子的连接处被橡皮泥密封住，瓶内气压无法改变。空气总是从高压流向低压，所以此时水无法从漏斗中流下去。

9. 盆花枯萎了

难易指数：★☆☆☆☆

准备工作

两盆盆栽花，一个大塑料袋，水。

实验方法

（1）给其中一盆盆栽花浇水，然后用塑料袋罩住它，营造出密封的空间。将这盆花放在阳台上。

（2）给另一盆盆栽花浇水后，也将其放到阳台上。

（3）两天后，你会发现，用塑料袋罩着的花，叶片发黄、掉落，花朵打蔫了。

探寻原理

植物生长需要吸收二氧化碳。在密封的塑料袋里，空气无法流通，导致植物叶片周围的二氧化碳浓度相对较小，所以花朵才会枯萎。

10. 会呼吸的叶子

难易指数：★★★☆☆

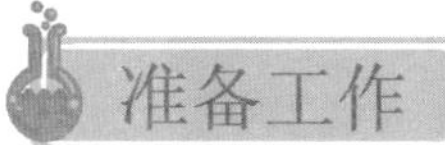

准备工作

一个烧杯，一些蒿草叶，水，一个漏斗，一支试管，一盒火柴。

实验方法

（1）往烧杯中倒入一些清水，将蒿草叶浸在水中，将试管装满水。

（2）在烧杯口处倒扣一个漏斗，在漏斗颈上再倒扣装满水的试管（试管口有橡胶塞，可保证试管内的水不会流出来），将这个装置放在阳光下。

（3）一段时间后，叶子会吐出小泡泡。小泡泡聚集在试管的底部，并不断地将水挤出。待气泡聚集到一定量时，用拇指堵住试管口，将试管取出来，将尚有余烬的火柴杆插入试管口，余烬便会复燃。

探寻原理

火柴余烬复燃，说明蒿草叶呼出的泡泡是氧气。原来植物的叶子在太阳光下，通过光合作用，能吸收空气中的二氧化碳，并释放出大量的氧气。可见，植物也能呼吸，只是它们呼出的是氧气，吸入的是二氧化碳。

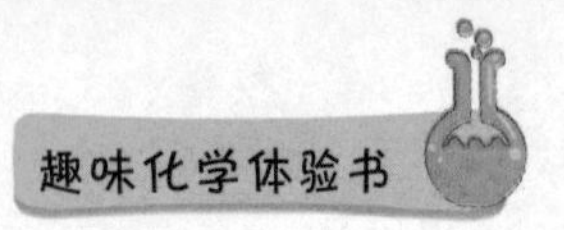

11. 会潜水的鸡蛋

难易指数：★☆☆☆☆

准备工作

一个生鸡蛋，一个烧杯，20%的稀盐酸。

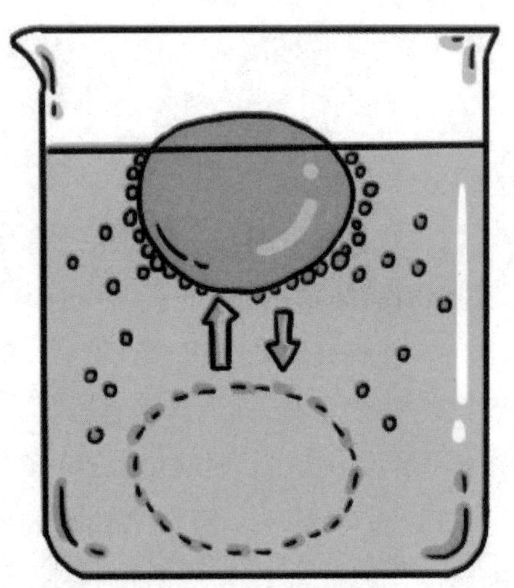

实验方法

（1）在一个大烧杯里面倒进大半杯20%的稀盐酸。

（2）向杯子里面放进一个生鸡蛋，观察情况。

（3）一会儿，鸡蛋浮到水面，一会儿又重新潜到杯底，如此循环反复。

探寻原理

因为鸡蛋密度大于盐酸溶液，所以将鸡蛋放到20%盐酸里面，鸡蛋会沉入杯底。蛋壳的成分是碳酸钙，和盐酸作用能生成大量的二氧化碳气泡，这些气泡黏附在蛋壳上，它产生的浮力能把鸡蛋托举到溶液表面。鸡蛋和空气接触后，一部分二氧化碳逃逸到空气中，浮力减小，鸡蛋又沉入水底。如此循环反复，就会出现上面的情形。

12. 会跳舞的木炭

难易指数：★★★☆☆

准备工作

一支试管，固体硝酸钾（也称“钾硝石”，化肥的一种），铁架和铁夹，木炭，一个酒精灯，一把角匙。

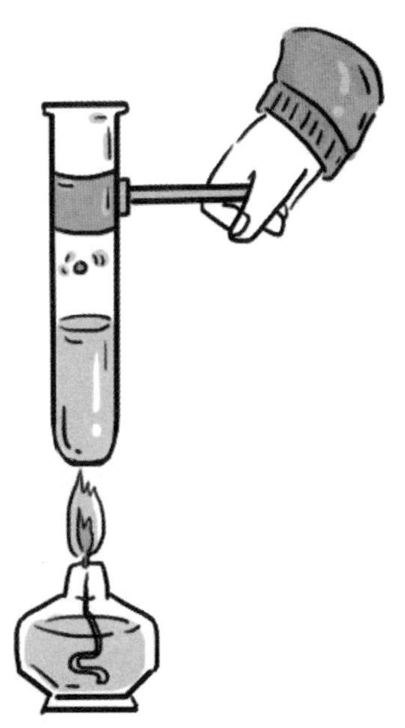

实验方法

（1）将半角匙固体硝酸钾放入试管中，将试管用铁夹直立地固定在铁架上，然后用酒精灯给试管加热。

（2）待硝酸钾熔化后，从小木炭上取下豆粒大小的一块，将其放到试管中。片刻之后，你就会看到小木炭一会儿上蹿，一会儿下跳，就像跳舞一样。

探寻原理

木炭是一种混合物，含碳、氮、硫、氢等多种元素。硝酸钾在高温下分解后会释放出氧气，氧气会立即与木炭中的碳元素发生化学反应，生成二氧化碳，二氧化碳气体便将木炭顶了起来。

木炭跳起来之后，反应中断了，不再生成二氧化碳，由于重力作用，又落回硝酸钾溶液中。此时，硝酸钾中的氧气又与木炭中的碳元素发生了反应，于是，木炭又被顶了起来。这样循环反复，看上去就像是木炭在跳舞一样。

13. 舞动的火柴

难易指数：★★☆☆☆

一盒火柴，清水，胶水，一个大盆。

实验方法

（1）在火柴头上涂一层厚厚的胶水，然后将火柴放入清水中。

（2）片刻之后，你就会发现火柴立在水中，摇摇摆摆地“跳起舞”来了。

（3）然而，火柴跳了一会儿就不跳了。不要着急，几分钟后，它又跳起来了！一段时间后，它停止跳动了，可是几分钟后，它就又跳起来了。这一现象会重复好多次呢！

是火柴头与胶水发生了化学反应吗？

你说对了呢！

火柴头上含有磷，它与胶水接触后会产生一种气体。这种气体聚集的量达到一定程度后，会把火柴带动起来。当这种气体散尽后，火柴也就不能动了。一段时间后，这种气体又聚集起来，火柴便又一次跳起“舞”来。

14. 干冰灭蜡烛

难易指数：★★☆☆☆

准备工作

干冰（不能用手直接接触），手套，蜡烛，一杯水。

实验方法

（1）点燃蜡烛，并将其固定在盘子上。

（2）戴上手套，往水中加入一小块干冰。这时，杯子里会冒出白烟。

（3）将杯子里产生的白烟倒在蜡烛上，你会发现，蜡烛熄灭了。

杯子里的白烟就是干冰吗？

干冰在常温下会变成二氧化碳气体，也就是看到的白烟。

探寻原理

二氧化碳气体的密度大于空气，因此无法上升。当杯子倾斜时，流出来的白烟的主要成分是二氧化碳气体。当二氧化碳气体与烛焰接近时，便阻隔了空气中的氧气，在与氧气隔绝的情况下，蜡烛就熄灭了。

15. 水箱里的朦胧烟雾

难易指数：★★☆☆☆

准备工作

干冰，夹子，一个塑料箱子，水。

实验方法

（1）往箱子里放水，然后用夹子夹取干冰，将干冰放入箱子中。

（2）几秒钟后，你会发现，箱子里面飘起阵阵白烟，就像表演舞台上弥漫的烟雾一样朦胧。

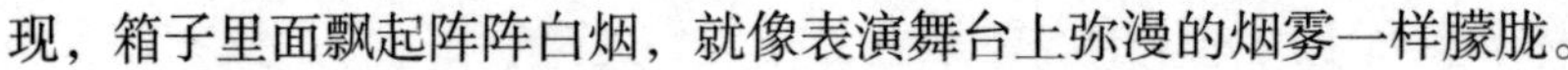

探寻原理

干冰是二氧化碳的固体形式，它的形成温度在-80℃左右。二氧化碳在常温下是无法保持固体形态的。因此，将干冰放入水中时，它会立刻变成二氧化碳气体。

不过，我们看到的白烟并不是二氧化碳，二氧化碳是无色无味的。在制作干冰时，会把空气中的小微粒封闭在固体中，当干冰升华成二氧化碳时，水箱里的小水滴或小冰块会附着在小微粒上，这样就变成了我们看到的白烟。

16. 滴水生烟幕

难易指数：★★★★☆

准备工作

一张石棉板，一把药匙，一支长滴管，一个台秤，固体硝酸铵，锌粉。

实验方法

（1）称3克固体硝酸铵平铺在石棉板上，并使其成圆形。然后在硝酸铵上铺盖一层锌粉（约2克）。

（2）用长滴管滴入几滴水到锌粉上，瞬间反应剧烈，浓烟滚滚而来。

把水滴上去有什么作用呢？

实验中，水是作为一种催化剂促使硝酸铵与锌粉发生了反应。

探寻原理

在水的催化下，硝酸铵氧化了锌，生成氮气、氧化锌，它们和水蒸气混在一起形成了烟幕。需要注意的是，固体硝酸铵和锌粉都要保持干燥；如果气温低，可以预先将石棉板加热一下。

17. 变软的馍片

难易指数：★☆☆☆☆

准备工作

干馍片，一个盘子，一个塑料袋。

实验方法

（1）把一些干馍片放在盘子里，将另一些干馍片放在塑料袋里，将塑料袋密封。

（2）几天后，你会发现，放在盘里的干馍片变软了，而放在塑料袋里的干馍片却没有变化。

探寻原理

实验中盘子里的干馍片裸露在空气中，正是因为吸收了空气中的水蒸气，进而水蒸气又转化成液态的水，使干馍片变软了。

18. 两根小木条

难易指数：★★☆☆☆

准备工作

两根小木条，一盒火柴。

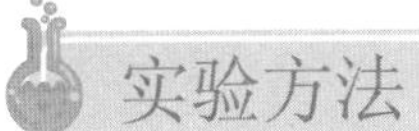

实验方法

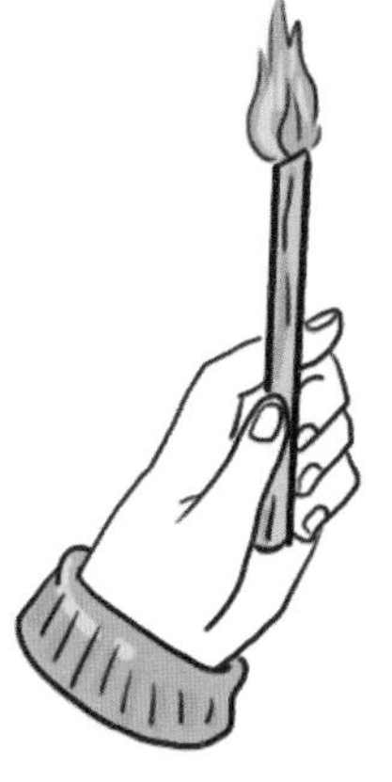

（1）用火柴点燃两根小木条，一根火焰向上，一根火焰向下，仔细观察两者有什么区别。

（2）火焰向上的木条一会儿就熄灭了，火焰向下的木条一直燃烧着。

探寻原理

物质在空气中加热后，开始并继续燃烧的最低温度叫作着火点。火焰向上时，下面木条的温度达不到着火点而逐渐熄灭；火焰向下时，热量向上，保持木条温度不变，继续燃烧。

19. 烛火与炉火

难易指数：★☆☆☆☆

煤球炉，一根蜡烛，一把扇子，一盒火柴。

实验方法

（1）点燃蜡烛，用扇子扇，蜡烛会立刻熄灭。

（2）用扇子扇煤球炉子里的火焰，炉火不但没有熄灭，反而越扇越旺。

这个实验的原理我知道！

那你说说看。

蜡烛燃烧放出的热量少，扇子一扇带走的热量会使温度降到着火点以下；而煤球燃烧放出的热量非常多，扇扇子带走的热不能使温度降到着火点以下，反而带进了空气，加速了燃烧。

20. 越扇越旺的火苗

难易指数：★★☆☆☆

木头，薄木片，一盒火柴，一把扇子。

实验方法

（1）柴火灶房里，用火柴点燃薄木片，然后用薄木片将木头引燃。

（2）用扇子向木头扇风，你会看到火苗变得非常旺。停止扇风，你会看到火苗又变弱了。再用扇子扇几下，火苗又旺起来了。

做这个小实验需要注意什么呢？

实验中，小心火苗烧到手哦。

氧气具有助燃性，木材在燃烧时需要氧气。正常情况下，空气中氧气的含量是有限的，而用扇子扇风的时候，会加快空气的流动，这会带来更多的氧气，木材接触到更多的氧气后，火苗就旺起来了。

21. 湿煤也能燃烧

难易指数：★☆☆☆☆

准备工作

蘸有少量清水的煤，燃烧着的炉火。

实验方法

（1）将一块蘸有水的煤扔进燃烧着的炉火中。

（2）这时你会发现，炉火更旺了。

探寻原理

水分子中含有一个氧原子和两个氢原子，水一遇上炉火中的煤，氧原子立刻被煤中的碳夺走了，生成一氧化碳和氢气。一氧化碳和氢气都是易燃的气体，于是，放入湿煤后，炉火更旺了。

22. 新鲜的猪肝能助燃

难易指数：★★★☆☆

准备工作

一个广口瓶，一片新鲜的猪肝，适量医用双氧水（过氧化氢），火柴。

实验方法

（1）将新鲜的猪肝放入广口瓶中，然后往瓶里缓缓注入双氧水，待猪肝周围冒出白色泡泡后停止。

（2）点燃火柴，随即吹灭，将带有火星的火柴移到瓶口，火柴重新燃烧起来。

探寻原理

新鲜猪肝的血液中含有一种可以分解双氧水的物质，它可以迅速地将双氧水分解成氧气和水。那些白泡泡便是氧气，氧气具有助燃性，它会让熄灭的只残留火星的火柴重新燃烧起来。

23. 水面下燃烧的蜡烛

难易指数：★★★★☆

准备工作

一瓶水，一个水盆，一根蜡烛，一盒火柴。

实验方法

（1）点燃蜡烛，把蜡烛固定在空盆底部。

（2）向盆里倾倒凉水，直到水面加平为止。

（3）奇迹发生了，当水面高于蜡烛的时候，水并没有漫进去，反而在蜡烛四周形成了一个水凹槽，等到水漫进去的时候，蜡烛也是过了一会才熄灭。

为什么蜡烛在水面下还能燃烧？

因为蜡油将水与蜡芯阻隔了。

探寻原理

当水漫入蜡烛时，蜡油就将水与蜡芯隔绝，使蜡烛能再燃烧一会儿，最后水与蜡油逐渐混合，就将蜡烛熄灭了。

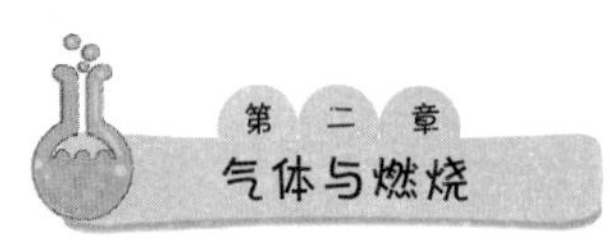

24. 点不着的纸张

难易指数：★★☆☆☆

一根铜棒，两张相同的长条白纸，一盒火柴。

实验方法

（1）用火柴直接点其中的一张纸条，纸条迅速燃烧起来了。

（2）将另一张纸条先以螺旋形紧紧地缠绕在铜棒上，再去点燃。纸条并没有燃烧起来。

铜具有良好的导热性，它能将加热处的热量迅速传导散失，使其温度达不到纸条的着火点，因此纸条就无法燃烧了。

25. 切断的烛焰

难易指数：★★☆☆☆

准备工作

多股粗铜丝，一根蜡烛，一盒火柴。

实验方法

（1）用粗铜丝绕成一个内径比蜡烛直径稍小点的线圈，圈与圈之间需要有一定的空隙。

（2）点燃蜡烛，将铜丝罩在蜡烛火焰的中间。

（3）铜圈上方的火焰被“切断”，下方的火焰正常燃烧。

探寻原理

铜具有良好的导热性能。当铜丝罩在蜡烛火焰的中间时，上方火焰的热量被铜丝带走，使蜡烛火焰上方的温度低于其着火点，上方火焰就熄灭了。

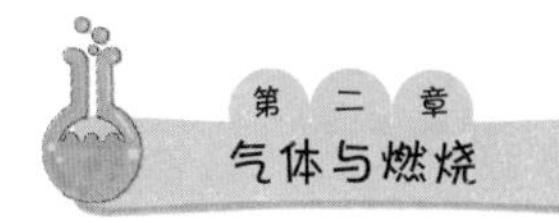

26. 让蜡烛燃烧得更久

难易指数：★☆☆☆☆

准备工作

两根蜡烛，一瓶食盐，一盒火柴。

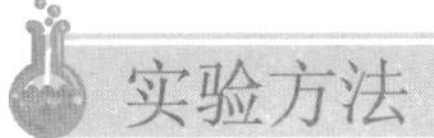

实验方法

（1）在一根蜡烛上撒一些食盐，并涂抹均匀，让另一根蜡烛维持原来的样子。

（2）点燃这两根蜡烛。你会发现，撒过盐的蜡烛燃烧的时间比没撒过盐的蜡烛要长。

探寻原理

食盐之所以能够延长蜡烛的燃烧时间，是因为它能减缓蜡烛中石蜡的熔化速度。如此一来，蜡烛不仅燃烧时间长，而且燃烧得更充分了。

27. 蜡烛也会“流泪”

难易指数：★★☆☆☆

准备工作

一根蜡烛，一盒火柴，一个干燥的玻璃杯，一块干布。

实验方法

（1）用火柴点燃蜡烛。用手裹着干布（防止烫伤）把玻璃杯杯口向下罩在烛焰上，但不能完全罩住，要留一个缝隙。

（2）几分钟后，你会发现，玻璃杯上出现了一粒粒的小水珠。它们晶莹剔透，好像泪珠一样。

探寻原理

这些小水珠就是蜡烛的“眼泪”——水。蜡烛是由多种化合物组合而成的混合物，这些混合物中含有氢元素。蜡烛在燃烧时，氢原子跑了出来，它与空气中的氧原子结合，就变成了水。由于燃烧时，温度很高，水就以水蒸气的形式上升，水蒸气遇到玻璃杯壁的时候，冷凝结成了水珠。

28. 三种灭烛火的方法

难易指数：★☆☆☆☆

一盒火柴，三根蜡烛，一把剪刀，一个玻璃杯。

实验方法

（1）用火柴点燃三根蜡烛，用嘴吹其中一根蜡烛，蜡烛熄灭了。

（2）用玻璃杯盖住一根蜡烛，一会儿蜡烛也熄灭了。

（3）用剪刀剪去烛芯，蜡烛熄灭了。

探寻原理

第一种做法是因为降温到着火点以下，第二种做法是隔绝空气，第三种做法是隔离可燃物与火源。实验中，要注意别烧到手。

29. 蜡烛的熄灭原理

难易指数：★★★☆☆

准备工作

两根小蜡烛，一盒火柴，一个玻璃杯，弯折的铁片，玻璃片。

实验方法

（1）在弯折铁片的上、下两层，各放一根小蜡烛，点燃后放入玻璃杯里面。两根蜡烛正常燃烧。

（2）用玻璃片盖住玻璃杯。一会儿，上层的蜡烛熄灭；再过一会儿，下层的蜡烛熄灭。

探寻原理

因为蜡烛燃烧产生的二氧化碳气体在玻璃杯上方聚集，二氧化碳可以使火熄灭，时间一长，上层蜡烛先灭，下层蜡烛随后熄灭。

30. 白醋也能灭烛火

难易指数：★★★☆☆

准备工作

一个玻璃杯，一根蜡烛，一根火柴，纯碱（碳酸钠），一瓶白醋。

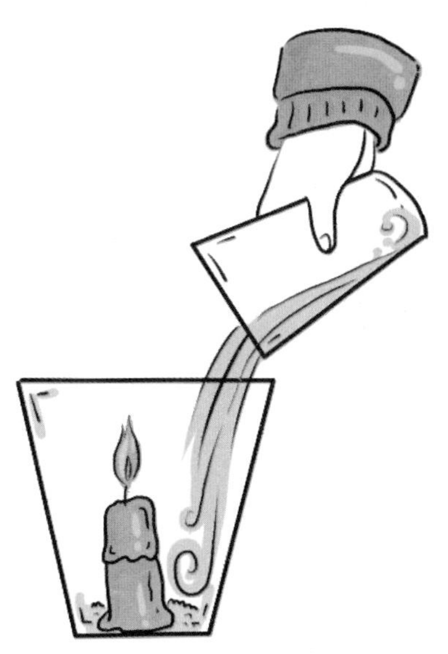

实验方法

（1）在玻璃杯底铺一层纯碱粉末，将一只点燃的短蜡烛固定在杯底。

（2）沿杯壁缓缓倾倒白醋。

（3）过一会儿，你会发现，蜡烛自动熄灭。

探寻原理

纯碱学名碳酸钠，它能与白醋中的醋酸反应生成二氧化碳。把白醋缓缓倒入杯中后，与纯碱反应产生越来越多的二氧化碳，最后熄灭了蜡烛。

31. 巧用蜡烛吸附烟雾

难易指数：★★☆☆☆

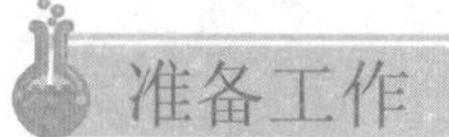

准备工作

6根香烟，一根蜡烛，一盒火柴。

实验方法

（1）点燃6根香烟，过一会儿点燃蜡烛。

（2）香烟燃烧烟雾缭绕，但过一段时间后，烟雾却逐渐消失了。

探寻原理

蜡烛燃烧，不完全燃烧后，会产生碳黑，碳黑能吸附烟雾中的气体和微小颗粒，因此香烟燃烧产生的烟雾就消失不见了。

32. 香蕉蜡烛

难易指数：★★★☆☆

准备工作

一根香蕉，薯片，一把美工刀，一个打火机，一个玻璃杯。

实验方法

（1）用美工刀切去香蕉的两端，留下中间的一截，放进玻璃杯中，防止香蕉翻倒。

（2）取出一片薯片，小心地掰出一个长条状，做“烛芯”。

（3）把薯片做的“烛芯”插在香蕉上，蜡烛就做好了。只需用打火机将“烛芯”点燃就可以了。

香蕉蜡烛真有意思！

小朋友们快动手制作一个吧！

探寻原理

薯片的主要成分是淀粉，它是碳、氢等元素组成的化合物，因此薯片是可以燃烧的，而且很容易就能燃烧。

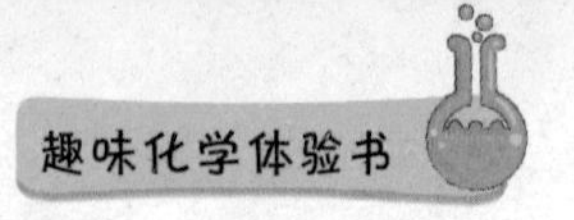

33. 燃烧的黑烟

难易指数：★☆☆☆☆

准备工作

一根蜡烛，一盒火柴。

实验方法

（1）用火柴点燃蜡烛，然后把火柴移到旁边，不要让火柴熄灭。

（2）将蜡烛吹灭。这时，烛芯上方立刻会出现一道黑烟。

（3）立即将燃烧着的火柴移到烛芯上方约5厘米黑烟处。

（4）你会发现，火柴的火焰“噗”的一声向下烧去。然后，蜡烛也重新燃烧起来了。

探寻原理

将蜡烛熄灭后，那道升起的黑烟，实际上是由于蜡烛燃烧得不充分，从而产生了悬浮于空中的碳微粒。再将燃烧着的火柴与黑烟接触时，燃烧会沿着碳微粒的“轨迹”前进，而烛芯处碳微粒最多，于是蜡烛便又燃烧起来了。

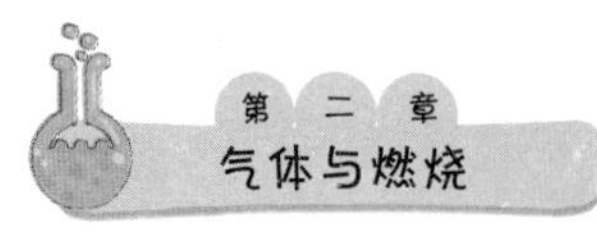

34. “冒烟”的手指

难易指数：★★☆☆☆

准备工作

一个空火柴盒，火柴，一个盘子。

实验方法

（1）撕下空火柴盒两侧的砂纸，放在盘中（砂纸的一面朝下）。

（2）用火柴把放在盘子上的砂纸点燃。待砂纸燃尽后，你会发现盘子里留下了红褐色的灰烬。

（3）待灰烬冷却后，捏一点红褐色的灰烬，然后用两根手指摩擦一下。这时，你会惊奇地发现从摩擦的手指间冒出一缕白烟。

探寻原理

火柴盒两侧的砂纸上含有可以在低温下燃烧的红磷化合物。红磷化合物燃烧后留下的红磷灰烬，因手指间相互摩擦产生的热量而升华，所以产生了白色的烟雾。

35. 手指着火了

难易指数：★★★★★

准备工作

一双线手套，一瓶水，一个玻璃杯，浓度40%的酒精，一个酒精灯，一张小纸条，一盒火柴。

实验方法

（1）将线手套用水浸透，拧去部分水分以后戴在左手上。

（2）将四个手指伸进盛有浓度40%的酒精的玻璃杯中浸湿。

（3）再伸到酒精灯火焰上引燃，四个手指马上燃烧起来。

（4）用右手取一张纸条在左手指上方引燃，小纸条也很快燃烧起来。

探寻原理

在酒精溶液中，酒精燃烧产生的热量消耗在水分蒸发上，而湿手套上的水是把手先润湿的，所以需要酒精燃烧一段时间后，手指才能感觉到热。当左手感觉热时，可用力握拳，右手握住左拳迅速挤压搓动手套，手套中渗出的水将火熄灭。

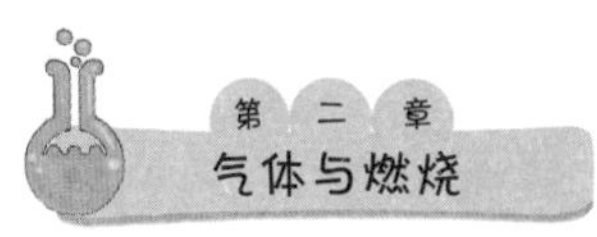

36. 烧不坏的手帕

难易指数：★★★☆☆

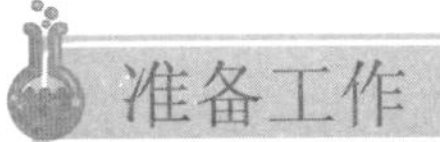

准备工作

酒精的水溶液（1:1），一条棉手帕，一把钳子，一盒火柴。

实验方法

（1）把棉手帕放入用酒精与水以1:1配成的溶液里浸透，然后轻挤，用钳子夹住手帕的一个角，放到火上点燃，等火焰减小时迅速摇动手帕，使火焰熄灭。

（2）你会发现，手帕依旧完好如初。

探寻原理

手帕燃烧时，因为酒精的火焰在水层外，吸附在纤维空隙里的水分因吸收燃烧放出的热量而蒸发，手帕上的温度达不到纤维的着火点，所以手帕烧不坏。

37. 制作防火布

难易指数：★★★★☆

准备工作

两块纯棉的手帕，两个酒精灯，两个烧杯，磷酸钠，明矾，铁夹。

实验方法

（1）取两块纯棉手帕，一块手帕上不经过化学处理，另一块手帕在浓度30%的磷酸钠溶液中浸泡数分钟，取出晾干，再把这块手帕浸在浓度30%的明矾溶液里，数分钟后，取出晾干。

（2）把这两块手帕用铁夹夹住，挂在铁丝上。然后同时用酒精灯去点燃，不经过化学处理的手帕很快燃烧起来，经过化学处理的手帕不仅没有燃烧，还具有防火性能。

探寻原理

磷酸钠、明矾都是不可燃的物质，手帕浸过这两种溶液后，磷酸钠、明矾形成了一层防火保护层，这个保护层隔绝了空气，所以手帕不会燃烧。

38. 制造固体酒精

难易指数：★★★★☆

一瓶水，一些小石块，一瓶白醋，95%浓度的酒精，一根筷子，一个玻璃杯，一个量筒（50毫升），一盒火柴。

实验方法

（1）将许多小石块与白醋放入玻璃杯里充分反应后，静置一段时间，取上层清液，制成饱和醋酸钙溶液。

（2）加到100毫升95%浓度的酒精中，一边加一边搅拌。你会发现，杯中析出像雪一样的固体。

（3）把析出的固体制成球状，点燃。球状固体燃烧起来。

醋酸钙是一种固化剂，能使液体酒精变成固体酒精，酒精具有可燃性。

实验中，要注意以下两点：①小石块要多，制成饱和醋酸钙溶液；②点燃时，注意不要烧伤手。

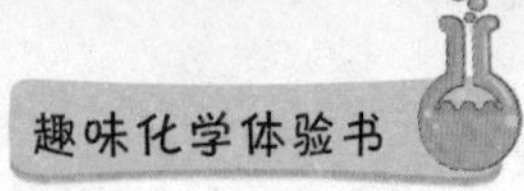

39. 水点酒精灯

难易指数：★★★☆☆

准备工作

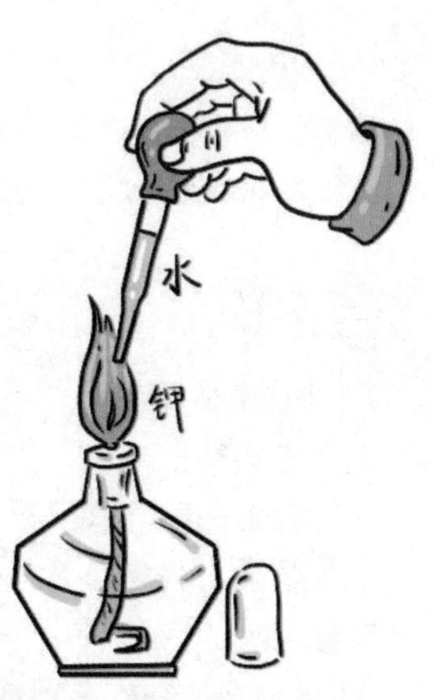

一个酒精灯，一支滴管，一个烧杯，金属钾。

实验方法

（1）预先在酒精灯灯芯里放置黄豆般大小的金属钾。

（2）从热水瓶里倒出半杯开水，接着用滴管吸取开水，将水一滴一滴地滴在酒精灯的灯芯上，只听到“啪”的一声响，酒精灯被点燃了。

酒精灯被点燃的原理是什么呢？

我来告诉你吧！

探寻原理

预先放置在酒精灯灯芯里的金属钾块，遇到水滴时，便发生化学反应。反应会放出大量的氢气，并且温度急剧上升，从而点燃了酒精灯。

40. 熄灭酒精灯

难易指数：★★★☆☆

白酒（酒精浓度在50%以上），一根棉线，一把扇子，一盒火柴。

实验方法

（1）将棉线浸入白酒中，待棉线蘸满白酒后，用手移动棉线，使其插在白酒中，当作“灯芯”。

（2）用火柴点燃棉线，你会看到棉线燃烧起来了。

（3）用扇子轻扇一下棉线，你会发现，棉线的火花掉进了白酒中，整杯白酒都燃烧起来了。

熄灭酒精灯不能用嘴吹，就是为了防止将火焰吹进酒精灯内而引起失火！用罩盖熄灭酒精灯的方法，可以隔绝氧气，阻断燃烧。日常生活中，利用隔绝氧气灭火的方法非常普遍，比如：油锅着火后，盖上锅盖便可灭火。

41. 甘油燃烧

难易指数：★★★★☆

一个瓷坩埚，一支滴管，甘油，高锰酸钾，匙子。

（1）取两小匙高锰酸钾，研成粉末，放在瓷坩埚里，右手持一支吸管，吸满甘油。

（2）把吸管里的甘油逐滴滴入高锰酸钾里，甘油很快就剧烈地燃烧起来。

甘油是制造肥皂时得到的副产品，油状味甜。冬天在甘油里掺入少量水，涂在皮肤上，可以防止燥裂。可以说甘油的性情是比较温和的。但是甘油却是制造烈性炸药硝化甘油的原料，甘油遇到高锰酸钾会发生剧烈燃烧。高锰酸钾是强氧化剂，甘油是具有还原性的有机物，两者相遇会发生剧烈的氧化还原反应，放出大量热，使得甘油有机物燃烧起来。

42. 木屑滴水燃烧

难易指数：★★★★☆

准备工作

一张石棉网，一支滴管，一根玻璃棒，过氧化钠（Na_2O_2），木屑。

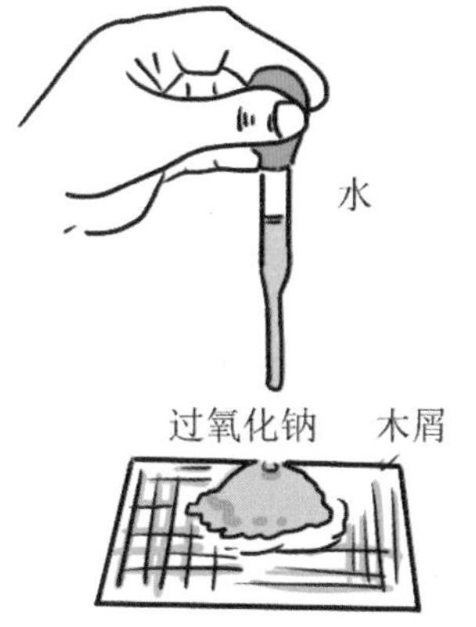

实验方法

（1）取干燥的木屑两份，过氧化钠一份。

（2）小心地将它们混和，倒在石棉网上，使之堆放成锥形，锥形顶部用玻璃棒压出一个凹穴，在凹穴内再放入少量过氧化钠，然后用胶头滴管在过氧化钠上滴加几滴热水，顷刻之间，木屑就烧起来了。

探寻原理

木屑中混合了过氧化钠，因过氧化钠具有很强的氧化能力，遇水发生反应，会强烈放热，并生成氢氧化物和过氧化氢。而生成的过氧化氢立即分解为水和氧气。当有机物及其他易燃物质，与过氧化钠分解出来的氧气接触，加上受热的作用，就极易引起着火或发生爆炸。

注意，过氧化钠受潮会分解失效，所以要密封保存。

43. 锌糊着火了

难易指数：★★★★☆

准备工作

两个小烧杯，一个量筒，一台天平，一把骨匙，一张吸水纸，一根玻璃棒，氢氧化钠，锌粉。

实验方法

（1）在一个小烧杯里，倒入100毫升水，加入10克固体氢氧化钠，配成氢氧化钠溶液。

（2）在另一个小烧杯里，加入3～4骨匙锌粉，加入适量的氢氧化钠溶液，把锌粉调成糊状（干厚要适宜），将糊状物倒在具有吸水性的厚纸上，挤去多余的氢氧化钠溶液，然后把药品摊开成薄层。

（3）等待几分钟，它就产生蒸汽，最后自动着火，产生白烟。

探寻原理

锌粉内通常都含有氧化锌，氢氧化钠能溶解氧化锌而发热，氢氧化钠又能和锌作用而发热，锌和空气中的氧气作用而发热。由于总的热量很大，结果使得锌糊着火燃烧。

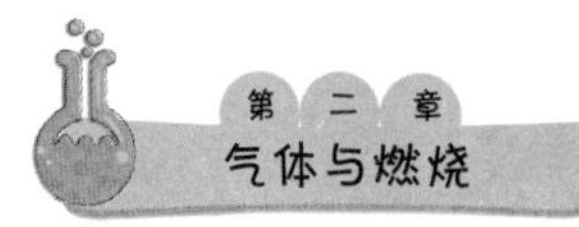

44. 吹气能生火

难易指数：★★★★☆

准备工作

一个蒸发皿，一根玻璃棒，一把镊子，一根细长玻璃管，过氧化钠，脱脂棉。

实验方法

（1）把少量过氧化钠粉末平铺在一层脱脂棉上，用玻璃棒轻轻按压，使过氧化钠进入脱脂棉中。

（2）用镊子将带有过氧化钠的脱脂棉轻轻卷好，放入蒸发皿中，用细长玻璃管向脱脂棉缓缓吹气。

（3）你会发现，脱脂棉燃烧起来了。

探寻原理

过氧化钠能与人吹出的二氧化碳反应产生氧气并放出大量的热，使棉花燃烧。注意整个过程中，动作不要太大，吹气时更要小心。

45. 仙女散花

难易指数：★★★☆☆

准备工作

一个250毫升的烧杯，白磷，小刀，盛有水的水盆。

实验方法

（1）把白磷在盛有水的盆中切割成黄豆般大小三粒，置于250毫升的烧杯里，加入20毫升左右的冷水，加热至沸腾，使白磷熔化。

（2）手握烧杯，与地面成45°角，呈扇面形向空中泼洒，熔化的白磷在空中燃烧，发出闪闪的磷光，就像仙女散花一般。

探寻原理

熔化的白磷遇到空气很容易燃烧，燃烧后就是这样。注意做这个实验时，不要使用过多的磷，实验结束后，要把磷的残粒清除干净。

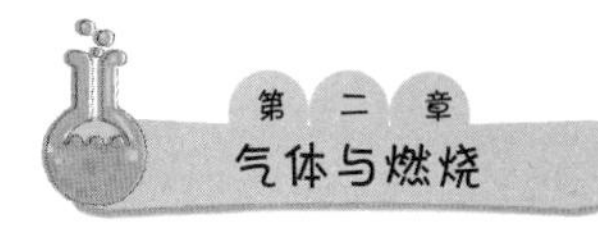

46. 面粉爆炸

难易指数：★★★★☆

准备工作

一个有盖子的铁皮罐，一根蜡烛，一个小铁皮漏斗，一根橡皮管，一个皮老虎，一个铁三脚架，一个蒸发皿，烘干的面粉。

实验方法

（1）在铁皮罐底部钻一个孔，插进一个小铁皮漏斗，用焊锡焊接牢固。

（2）在漏斗上接一根橡皮管，橡皮管连接皮老虎。

（3）在漏斗里放一骨匙干燥的面粉，罐内置一根点燃的蜡烛，把罐盖盖上，不用太紧。用皮老虎将空气充入罐内，面粉立即发生爆炸。

探寻原理

罐内面粉经空气一吹，就分散在空气中，和氧气的接触面积大大增加，遇火发生剧烈燃烧，从而发生爆炸。

实验中，应该注意：①吹入空气时用力适度，防止蜡烛火焰吹熄，使实验失败。②如果在面粉中混入一点干燥过的锌粉（或铝粉），效果会更好。

47. 灿烂星光

难易指数：★★★☆☆

准备工作

一支大试管，无水酒精，双氧水（过氧化氢），深蓝色的纸，高锰酸钾，小勺。

实验方法

（1）先往试管中倒入几毫升无水酒精，再加入等量的双氧水，并在试管后面衬上深蓝色的纸，然后摇晃试管，让溶液混合。（注意：这个实验要在晚上开灯的屋里进行。）

（2）关闭电灯，将一小勺高锰酸钾晶体慢慢撒入溶液中。

（3）随着晶体在溶液中的缓缓下沉，你就可以看到灿烂的星星啦！除了看见星星，你还能听到轻微的爆炸声呢！

探寻原理

双氧水遇到高锰酸钾时，会产生丰富的氧气，而高锰酸钾的氧化能力极强，能使混合液中的酒精燃烧，进而产生闪闪的火花。在黑暗中，火花背衬深蓝色的纸闪亮着，这情景犹如夜空中闪烁的繁星一般。

48. 燃烧的塑料

难易指数：★★★☆☆

准备工作

破损的塑料雨衣，火柴，海绵，水，蓝色的pH试纸，细绳。

实验方法

（1）把绳子系在海绵上，将海绵浸入水中，使其吸满水。

（2）点燃火柴，再用火柴将这件雨衣引燃。（注意：此试验在室外通风的地方进行。）

（3）雨衣燃烧后，你会闻到一股刺激性气味。将绳子系着的海绵在距雨衣5厘米左右的地方来回摆动。

（4）一分钟后，将海绵中的水滴到pH试纸上，你会发现蓝色的试纸变红了。

探寻原理

塑料雨衣中含有氯元素，它在燃烧时会生成具有刺激性气味的氯化氢气体。氯化氢气体是一种无色而有刺激性气味的气体，它的水溶液就是盐酸，这种气体会污染环境。

很多塑料制品都含有氯元素，因此，使用焚烧方式处理这些塑料制品时，会给环境造成巨大的污染。

49. 燃烧的卫生球

难易指数：★★★☆☆

准备工作

一个卫生球，一盒火柴，一块棉布，一支笔。

实验方法

（1）把卫生球放在桌子上，在卫生球上面盖上棉布，并在布上画一支蜡烛（烛芯所在位置就是卫生球所处的位置）。

（2）将点燃的火柴靠近用棉布盖着的卫生球。这时，你会惊奇地发现所画的“蜡烛”竟然燃烧起来了。更不可思议的是，吹灭“蜡烛”后，棉布并没有被烧坏。

好神奇啊！到底是怎么回事呢？

并不是棉布上所画的蜡烛燃烧起来了，而是卫生球在燃烧。

探寻原理

卫生球的主要成分是含碳和氢的有机化合物——萘。萘具有易燃烧和易升华的特性。因此，隔着棉布，萘也能够被点燃。萘燃烧时放出的热量，在升华时被自身吸收一部分，所以棉布不会被烧坏。

50. 会吞吐火焰的易拉罐

难易指数：★★★★☆

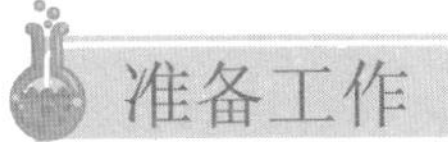

一个易拉罐，一张硬质纸，一瓶强力胶水，一把小刀，水，水盆。

实验方法

（1）取一个易拉罐，把开罐的一端全部剪掉，在离罐底大约两厘米的地方开一个小孔。

（2）再取一张硬质纸，卷成喇叭形，将喇叭的吹气口塞进易拉罐的小孔内，相接处用强力胶粘牢固定，避免漏气。

（3）点燃蜡烛，将火焰靠近喇叭口，把易拉罐快速按进盛有水的容器中。可以看到蜡烛的火焰向外偏，火焰好像从喇叭里喷出来似的。

（4）如果先将易拉罐慢慢按入水中一定深度，然后迅速把易拉罐向上提拉。会看到喇叭把蜡烛的火焰吞进去。

一定量的气体，在温度不变的条件下，其压强与体积成反比。快速向下按易拉罐时，罐内气体被压缩，压强增大，大于外界气压，罐内气体从喇叭里排出，火焰向外偏；反之快速向上提拉，内气压小于大气压，蜡烛火焰被吞进喇叭。

51. 自制“灭火器”

难易指数：★★★☆☆

准备工作

苏打粉，食醋，一个带壶嘴的小茶壶，卫生纸，一把汤匙，一根燃烧的蜡烛。

实验方法

（1）在卫生纸上放3汤匙苏打粉，把苏打粉包成糖块状（将苏打粉包起来是为了防止它过快发生化学反应）。

（2）把包好的苏打粉放入带壶嘴的小茶壶，然后倒入食醋，并盖好壶盖。

（3）将茶壶嘴对着燃烧的蜡烛，很快蜡烛就熄灭了。

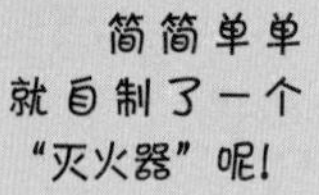

探寻原理

苏打粉和食醋里的酸发生反应，生成了二氧化碳。二氧化碳从茶壶嘴逸出，熄灭了火焰。

第三章
非金属和金属

1. 提取海带中的碘

难易指数：★★★☆☆

准备工作

一个烧杯，一个酒精灯，一把剪刀，两个玻璃杯，一台天平，干海带，纯净水，一根玻璃棒，白醋，pH试纸。

实验方法

（1）将25克干海带用剪刀剪碎后放进烧杯内，将烧杯放到酒精灯上加热。在加热的过程中，不断用玻璃棒搅拌，直到杯内的海带都变成灰烬。

（2）等到烧杯冷却后，将海带灰倒入一个玻璃杯中，加入纯净水熬煮3次，每次熬煮后，将上层的清液倒在另一个玻璃杯里。

（3）往清液中缓慢加入白醋，并用pH试纸测试，直至其呈中性为止，然后将其静置。你会看到玻璃杯里有少量深褐色的固体物质，这就是碘。

探寻原理

海带烧成灰烬后，其中的碘元素会以碘离子的形式存在。再加入纯净水煮沸，碘离子会溶于水。加入白醋能中和海带里含有的碳酸钾，以便析出碘。

2. 碘盐中的碘是单质吗

难易指数：★★★☆☆

准备工作

一袋碘盐，一袋面粉，一双筷子，两个杯子，两把汤匙，清水，碘酒。

实验方法

（1）用汤匙在两个杯子中各放入一勺面粉，加入适量的水后，用筷子搅拌至糊状。

（2）在其中一杯面粉糊中放入一勺碘盐，然后用筷子均匀搅拌，放置半小时后，面粉糊并没有变化。

（3）在另一杯面粉糊里，滴入一滴碘酒，你会发现，面粉糊立即变成了蓝色。

探寻原理

淀粉遇到碘单质后会变蓝，通常用此来检验某种物质是否含有碘单质。面粉中含有大量淀粉，在面粉糊中滴入碘酒，面粉糊变蓝证明了碘酒中含有碘单质；而加入碘盐的面粉糊没有变蓝，说明了碘盐中不含有碘单质。实际上，碘盐中的碘元素是以化合物碘酸钾的形式存在的。

3. 当碘酒遇上红药水

难易指数：★★☆☆☆

一瓶碘酒，一瓶红药水，一支小试管，一支滴管。

（1）先将5～8毫升碘酒倒入小试管中，然后再滴3～5滴红药水。

（2）不一会儿，溶液就变得浑浊了。

（3）再过一段时间，你又会看见，溶液中出现了沉淀物。

红药水里的汞溴红与碘酒里的碘相遇会发生化学反应，生成碘化汞沉淀。虽然碘酒与红药水都是消毒剂，但是碘化汞有剧毒，所以碘酒与红药水不能同时使用。

4. 消失不见的碘酒

难易指数：★★☆☆☆

准备工作

一支干净并且干燥的试管，高粱米大小的固态碘，一把镊子，一个酒精灯，一片玻璃片。

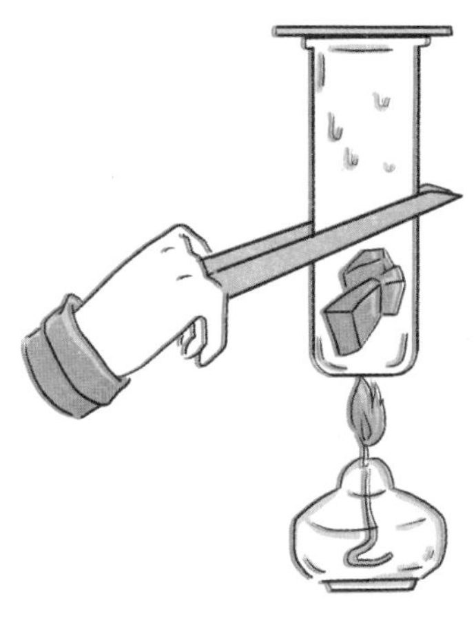

实验方法

（1）把固态碘放入试管，用镊子夹住试管，放在酒精灯上加热。

（2）不久，试管里出现了紫色的气体。

（3）用玻璃片盖住管口，并且停止加热。等到试管冷却，你又会看到试管内壁上凝结了一层暗褐色的晶体。

探寻原理

固态碘易升华，在试管中被加热后，直接升华成了紫色的气体。停止加热后，紫色气体慢慢冷却后又直接凝结成了暗褐色的晶体，也就是固态碘。

5. 在铁片上刻字

难易指数：★★★★☆

准备工作

一块铁片，一瓶碘酒，一支滴管，一块干燥的布，一把小刀，一个酒精灯，一根玻璃棒，稀硫酸（有腐蚀性，请勿碰触皮肤），石蜡。

实验方法

（1）用滴管吸取少量稀硫酸，并滴在铁片上待写字的地方，这是用稀硫酸与铁片表面的氧化物发生反应来清除表面的氧化物。

（2）用水冲洗铁片，并用干燥的布擦干。

（3）将石蜡涂于铁片上待写字的地方，然后用酒精灯加热至石蜡熔化。

（4）用玻璃棒把石蜡均匀地涂抹在铁片表面。

（5）等到石蜡冷却凝固后，用小刀在石蜡上刻“元素”两个字（要刻透石蜡到达铁片表面）。

（6）用滴管将碘酒滴在刻字处，约30分钟后再次滴加碘酒，这样4～5次后即可完成。

（7）洗掉剩余物，去掉蜡层。这时你会看到铁片上显现出灰黑色的“元素”两个字。

探寻原理

碘酒中的单质碘会与铁发生反应生成灰黑色的碘化亚铁。因此把碘酒滴到刻字的地方，铁片会变灰黑色。

6. 测试金属性质

难易指数：★★☆☆☆

白醋，一块铝片，一块铁片，一块铜片，一把剪刀，一张砂纸，三个玻璃杯。

实验方法

（1）把适量白醋等量地倒入三个玻璃杯中。

（2）用剪刀把三种金属各剪出一小块，分别放到装有白醋的玻璃杯里。

（3）过一会儿，你会看到放铝和铁的杯子中产生气泡，放铜的杯子中没有，且放铁的杯子中溶液颜色变为浅绿色。

（4）把剩下的铝片放入放铁片的杯子中，轻轻摇晃一会儿，发现铝片表面出现灰黑色固体，且溶液颜色由浅绿色变为无色。

在相同条件下，金属与酸发生反应的速率越快，金属的活动性就越强。从实验里，我们得知铝和铁的活动性都比铜强，并且铝的活动性大于铁。

7. 铁缸变铜缸

难易指数：★★☆☆☆

准备工作

一个掉了瓷的铁茶缸，硫酸铜溶液。

实验方法

（1）把硫酸铜溶液倒进掉了瓷的铁茶缸里，尽量装满。

（2）一会儿，你会发现茶缸的锈色变成了红色。

探寻原理

这是因为茶缸里的铁与硫酸铜发生了化学反应，把硫酸铜里的铜给置换出来。但是需要注意，掉瓷的茶缸或者瓷盆不能用于盛放硫酸铜溶液。

8. 美丽的铜树

难易指数：★★☆☆☆

一支小试管，农用硫酸铜溶液，一根铁丝。

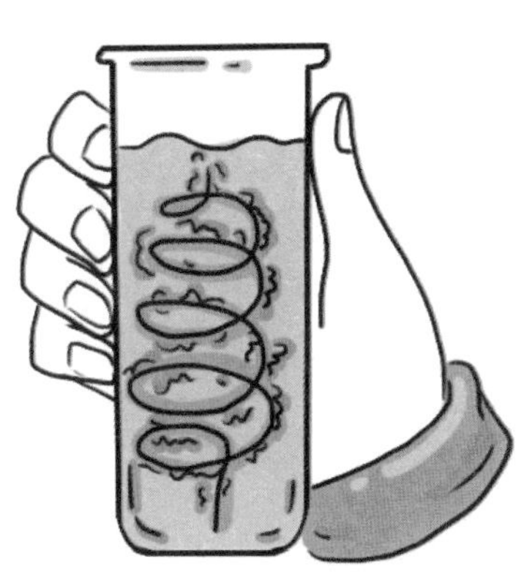

（1）在试管中倒入半试管的硫酸铜溶液。

（2）把铁丝绕成螺旋状，浸没在硫酸铜溶液里一段时间。

（3）你会发现，螺旋状的铁丝表面覆盖了一层红色物质，好像一棵美丽的“树”。

铁能与硫酸铜溶液发生化学反应，把硫酸铜溶液中的铜置换出来。做实验时，尽量不要碰试管，以免铜脱落。

9. 铁钉变“铜钉”

难易指数：★★☆☆☆

准备工作

一根铜丝，一个玻璃杯，柠檬汁，食盐，一张砂纸，一颗铁钉。

实验方法

（1）把铜丝放入玻璃杯中，加入柠檬汁直到浸没铜丝。

（2）用砂纸打磨铁钉，去掉铁锈后把铁钉放进有柠檬汁的玻璃杯里，并使铁钉浸没在柠檬汁里。

（3）20分钟后，你会发现，铁钉好像镀上了一层铜，变成了“铜钉”。

探寻原理

这个实验中发生了两次化学变化。第一次，铜和柠檬汁中的酸发生反应，生成了柠檬酸铜。第二次是加入铁钉后，铁元素又把柠檬酸铜中的铜置换了出来，于是铜便附着在铁钉表面，结果铁钉变成了“铜钉”。

10. 铜丝的“红与黑”

难易指数：★★★☆☆

一根蜡烛，一个打火机，一根铜丝，一个钳子，白醋，一个玻璃杯。

实验方法

（1）用打火机点燃蜡烛，然后用钳子夹住铜丝放在蜡烛燃烧的烛焰上。

（2）不一会儿，你会发现铜丝由红色变成了黑色。

（3）在玻璃杯里倒入白醋，并把已经变黑的铜丝放进杯中浸没在白醋里。

（4）不一会儿，你会发现铜丝又由黑色变回了红色。

当铜丝加热时，铜会与空气中的氧气发生反应生成黑色的氧化铜。然后把铜丝浸泡在白醋里后，铜丝上的氧化铜能与白醋中的醋酸发生反应，并还原出了铜，所以铜丝又变成了红色。

11. 铜线变绿了

难易指数：★★☆☆☆

准备工作

一个玻璃杯，饱和食盐水，两段铜线，一节1.5伏的干电池。

实验方法

（1）将饱和食盐水倒入玻璃杯中。

（2）在电池的正负极两端各连上一段铜线。

（3）将两段铜线的另一端都放入盐水中。

（4）半小时后，盐水里的一段铜线变成绿色，另一段周围集合了很多小气泡。

探寻原理

电池中的电流进入盐水中后，会把水中的盐电解为钠和氯。然后氯又被吸引到连接电池正极的导线上，与铜生成绿色的氯化铜。

12. 真假金币

难易指数：★★☆☆☆

准备工作

一个真金币，一个假金币，一把钳子，一个酒精灯。

实验方法

（1）点燃酒精灯，用钳子夹住一个金币放在酒精灯的火焰上稍微加热一会儿，发现金币变黑了。

（2）用钳子夹住另一个金币放在酒精灯的火焰上稍微加热一会儿，发现没有变色。

（3）小朋友，你知道哪一个是真金币了吗？

假金币一般是“铜锌”合金，而铜与氧气加热后会生成黑色的氧化铜，所以假的金币加热后变黑了。

13. 自制喷泉

难易指数：★★★☆☆

准备工作

稀硫酸，一块锌片，一瓶红墨水，两个广口瓶，一根导管，一根尖嘴玻璃管，一根胶皮管，一个长颈漏斗，两个橡皮塞。

实验方法

（1）取两个广口瓶，按图示装配好，注意装置不能漏气。

（2）在右瓶的水中滴几滴红墨水，在左瓶中放入一块锌片，然后向长颈漏斗中注入稀硫酸，使长颈漏斗下端浸没在液体以下。

（3）过一会儿，你会看到左瓶中产生气泡，尖嘴玻璃管处像喷泉一样喷出红色的水。

探寻原理

左瓶中的稀硫酸会与锌反应生成氢气，由于氢气难溶于水，所以会通过导管进入右瓶。随之右瓶中压强增大，把水压进玻璃管中，喷泉就形成了。

14. 不熔化的铝

难易指数：★★☆☆☆

准备工作

一把钳子，一片铝片，一根蜡烛，一盒火柴。

实验方法

（1）用火柴点燃蜡烛。

（2）用钳子夹住铝片，将其放在蜡烛的外焰上方，并轻轻晃动。

（3）片刻之后，你会发现，铝片熔化变软，但没有滴下液体来。

探寻原理

氧化铝的熔点在2000℃以上，而铝的熔点只有600℃左右。所以就算铝达到了熔点，只要有氧化铝薄膜包裹着，就不会有液体滴下来。

注意：实验做完以后，等铝冷却以后再收起，不要用手触摸。

15. 暖宝贴放热的秘密

难易指数：★★☆☆☆

准备工作

一片市面上销售的暖宝贴。

实验方法

（1）撕去暖宝贴的保护膜，按照正确的方法贴在身体上。

（2）不一会儿，贴暖宝贴的部位就开始发热。

探寻原理

铁粉与氧气、水发生缓慢氧化反应，将化学能转化为热能，同时放出热量，而且在有炭粉和食盐存在的条件下加快速度，且温度越高，反应速度越快。需要注意的是，一定要按照暖宝贴标签上的要求正确使用。

16. 铁在什么条件下生锈

难易指数：★★☆☆☆

准备工作

6根无锈铁钉，自来水，食盐，豆油，煤气灶，棉花，干燥剂。

实验方法

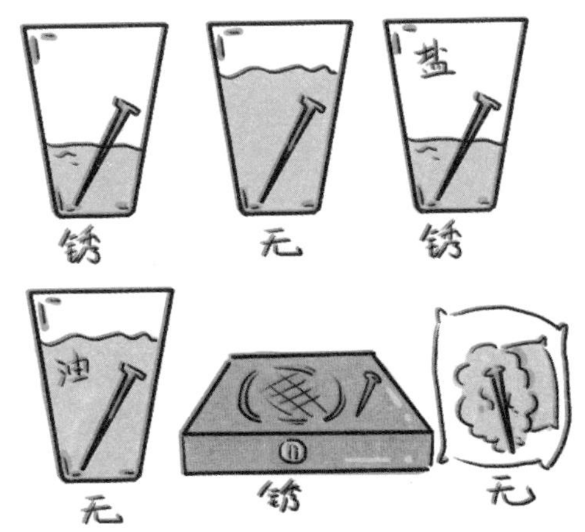

（1）把无锈铁钉放在自来水里面，露出一半，放置两天后，铁钉生锈了。

（2）把无锈铁钉全部浸没在自来水中，放置两天后，铁钉竟然没有生锈。

（3）把无锈铁钉放在食盐水中，露出一半，放置一天，铁钉生锈了。

（4）把无锈铁钉浸没在豆油里，放置两天后，铁钉没有生锈。

（5）把无锈铁钉放在煤气灶上方，放置一天，铁钉生锈了。

（6）把无锈铁钉用棉花包住与干燥剂一起密封，放置两天，铁钉没有生锈。

探寻原理

氧气和水是铁生锈的必要条件，而且当有食盐存在的条件下，生锈速度会更快。所以，家里的菜刀、剪刀等一定要干燥放置，特别是切过咸菜的菜刀更要擦干。

17. 火星四溅的铁

难易指数：★★☆☆☆

准备工作

一段细铁丝，一根木筷子，一根蜡烛，一个水盆。

实验方法

（1）把蜡烛固定在水盆里（盆中放入水）。

（2）把细铁丝缠绕在筷子的一端，然后点燃蜡烛，拿着筷子的一端，把铁丝放在蜡烛的火焰上。

（3）过了一会儿，你会发现细铁丝燃烧起来了，还溅起了火星呢！

溅出的火星很容易烫伤人呢！

所以这个游戏最好在水盆中进行。

探寻原理

铁和氧气反应会生成氧化铁，在反应过程中，铁会放出大量的热。而热量又会使铁丝的温度升高，并超过熔点。于是铁丝就燃烧起来了。

18. 能导电的石墨

难易指数：★★☆☆☆

准备工作

一节废旧干电池，一节干电池，一个小灯泡，一卷单面胶带纸，一根铜丝。

实验方法

（1）把废旧干电池拆开，然后取出石墨电极，用单面胶带纸把电池、铜丝、小灯泡等固定住。

（2）把石墨电极和导线连接在一起，接通电源。

（3）一会儿，你会发现小灯泡亮了。

原来石墨真的可以导电！

是啊，做实验时，注意不要漏电，不要用手碰电。

探寻原理

石墨的导电性比一般非金属矿高一百倍。导热性超过钢、铁、铅等金属材料。导热系数随温度升高而降低，甚至在极高的温度下，石墨成绝热体。石墨能够导电是因为石墨中每个碳原子与其他碳原子只形成3个共价键,每个碳原子仍然保留1个自由电子来传输电荷。

19. 发黑的水果刀

难易指数：★★☆☆☆

准备工作

一把铁制水果刀，一个案板，一个苹果，一个盘子。

实验方法

（1）把苹果放在案板上，用水果刀切成许多小块。

（2）切完之后，不要擦拭水果刀，直接把水果刀放在一个盘子中。

（3）一段时间以后，你就会发现，水果刀上出现了黑色的斑迹。

探寻原理

苹果中含有少量的有机物叫作鞣酸。鞣酸遇到铁，会发生化学反应生成黑色难溶于水的鞣酸铁，所以水果刀与苹果接触过的地方出现了黑色的斑迹。

20. 镁条的燃烧

难易指数：★★★☆☆

准备工作

一块镁条，一把钳子，一根蜡烛，一盒火柴，一块碎瓷片。

实验方法

（1）用火柴点燃蜡烛，然后用钳子夹住镁条，放在蜡烛的火焰上加热。

（2）加热一会儿后，放在碎瓷片上。

（3）你会发现，镁条剧烈燃烧，发出耀眼的白光，同时放出热量，生成白色固体。

生成的白色固体是什么东西呢？

那是氧化镁。

探寻原理

镁条具有可燃性，与空气中的氧气反应生成氧化镁，燃烧时会发出强光与大量的热。

注意：不能把生成的物质放在桌子上，以免烫坏桌子。

21. 绿色的火焰

难易指数：★★★☆☆

准备工作

一盒火柴，医用硼酸粉，一个玻璃杯，一根蜡烛，一把勺子，一根筷子，一根牙签，一把钳子。

实验方法

（1）取1勺硼酸粉放入玻璃杯中，然后在玻璃杯里倒入半杯水，并用筷子搅拌，直至硼酸粉充分溶解。

（2）用火柴点燃蜡烛，用钳子夹住牙签并蘸取硼酸溶液。

（3）用钳子夹住蘸有硼酸溶液的牙签放在燃烧的蜡烛上加热，你会发现，红色的火焰顿时变成了绿色。

硼酸溶液中含有硼元素，硼元素在燃烧时，火焰是绿色的，所以蘸取了硼酸溶液的牙签燃烧时的火焰变成了绿色。化学家们有时会通过物质燃烧时产生的火焰颜色，来辨明物质中含有哪些元素。

第四章
酸性与碱性

1. 自制酸碱指示剂

难易指数：★★★★☆

一棵紫甘蓝，一个玻璃瓶，一把刀，一个菜板，一个漏斗，一张滤纸，一口烧锅，一些水。

实验方法

（1）把紫甘蓝切成丝，注意不要切到手。

（2）在烧锅里面放入半锅水煮开，将切好的菜丝放入锅里。盖上锅盖并熄灭炉火，浸泡三十分钟，水的颜色变成了紫色。

（3）把滤纸垫在漏斗口，将汤汁过滤到玻璃瓶里，酸碱指示剂就做好了。

（4）将过滤好的紫甘蓝液保存在冰箱的冷藏室里，后面的实验还会用到它。

酸是一种重要的化学物质，它会侵蚀金属、织物和皮肤。碱有很强的去污能力，它能使污垢溶解，并分解出有机物质。在后面的实验中，我们可以用这种酸碱指示剂简单地分别出物质的酸碱性来。日常生活中的大多数物质并不是强酸性或者强碱性，用紫甘蓝水只是一种初步检测物质酸碱性的指示剂，它并不能检测出准确的酸碱度。

注意：本实验需要家长的协助配合。

2. 自制酸碱试纸

难易指数：★★★★☆

准备工作

几张过滤纸，一瓶紫甘蓝溶液（做法参考本章实验1），一张铝箔纸，一个大碗，一把剪刀，一个封口能开合的塑料袋，一个量杯（250毫升）。

实验方法

（1）往碗里倒入一量杯的紫甘蓝溶液，然后把过滤纸浸泡在紫甘蓝溶液里。

（2）在铝箔纸上并排放置几张浸泡过紫甘蓝溶液的过滤纸，等待过滤纸晾干。

（3）过滤纸晾干后，把它们剪成几张3厘米×8厘米大小的纸条，然后把这些纸条放在塑料袋内，将塑料袋口封好。

（4）试纸做好了，你就可以用它来检验物质的酸碱性了。

紫甘蓝中含有花青素,而花青素遇酸会变红，遇碱会变蓝,所以用紫甘蓝溶液制成的试纸能检测物质的酸碱性。

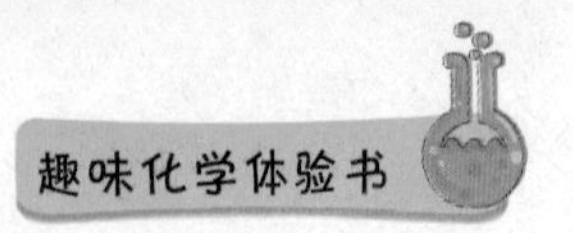

3. 测试酸碱指示剂

难易指数：★★☆☆☆

紫甘蓝液（做法参考本章实验1），一个玻璃杯，少许柠檬汁，一把塑料匙，一小杯肥皂水。

实验方法

（1）在三个玻璃杯里面分别倒入半杯酸碱指示剂。

（2）在第一个杯子里挤入几滴白醋，指示剂变成了红色。

（3）在第二个杯子里加入一点肥皂水，指示剂变成了绿色。

（4）在第三个杯子里倒入一点纯净水，指示剂没有变化。

滴入紫甘蓝液后变红的是酸性物质，变绿的是碱性物质，颜色几乎没变的是中性物质。继续测试其他物质，你会发现很多物质的酸碱性跟你所想象的可能不太一样，例如苹果、西红柿、鸡蛋清是碱性的，橘子、柠檬是酸性的，纯净水和纯牛奶是中性的。小朋友们还可以试试其他更多的东西！

4. 用试纸测试酸碱性

难易指数：★★★★☆

准备工作

一张紫甘蓝液试纸（做法参考本章实验2），一张铝箔纸，一张白纸，两支滴管，一些白醋，一些氨水，两个小玻璃瓶。

实验方法

（1）往一个玻璃瓶内倒入1/4玻璃瓶的白醋，往另一个玻璃瓶内倒入1/4玻璃瓶的氨水。

（2）将白纸放在铝箔纸上，再把试纸放在白纸上。

（3）用一支滴管在试纸的一端滴上两滴醋，一会儿你会发现试纸的另一端变成粉红色。

（4）用另一支滴管在试纸的另一端滴上两滴氨水，一会儿你会发现试纸的一端变成绿色。

探寻原理

紫甘蓝液试纸可用来检测溶液的酸碱性。酸性溶液在试纸上会使试纸呈现粉红色，碱性溶液在试纸上会使试纸呈现绿色。所以在实验中根据呈现出的颜色我们可以知道，醋是酸性的，氨水是碱性的。

5. 检验物品的酸碱性

难易指数：★★★★☆

准备工作

两支滴管，紫甘蓝液试纸（做法参考本章实验2），一张白纸，一张铝箔纸，一支铅笔，一些柠檬汁，一些葡萄汁，一些橙汁，一些氨水，一些酸菜汁。

实验方法

（1）将一张白纸放在铝箔纸上，将紫甘蓝液试纸放在白纸上。

（2）用铅笔在白纸上依次写上要检验的物品名称。

（3）按照白纸上写的物品位置，用一支滴管依次在试纸上的对应位置滴两滴柠檬汁、两滴葡萄汁、两滴橙汁，然后将滴管洗净。

（4）用另一支滴管滴两滴氨水在相应的位置上。

（5）再用那支洗净的滴管滴两滴酸菜汁在相应的位置上。

（6）你会发现，氨水在纸上变成绿色，其余的汁液则变成红色或粉红色。

探寻原理

碱性使紫甘蓝液试纸变绿色，而酸性会使紫甘蓝液试纸变成粉红色或红色。让试纸变绿的氨水是碱性的，让试纸变成红色或粉红色的汁液都是酸性的。水果中含有柠檬酸，酸菜汁中含有醋酸，所以它们都是酸性的。

6. 检测不同浓度的酸

难易指数：★★★★☆

准备工作

一瓶紫甘蓝液（做法参考本章实验1），一把剪刀，一张过滤纸，一张铝箔纸，一把小勺，一些明矾粉，一些酒石粉（又称酒石酸氢钾），维生素C粉。

实验方法

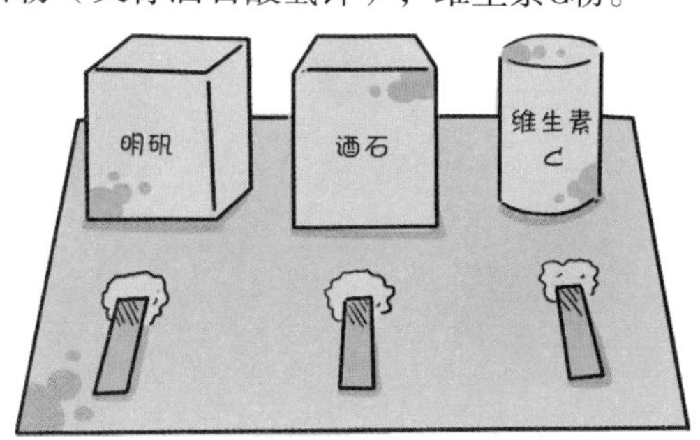

（1）在铝箔纸上每隔一定间距依次倒上明矾粉、酒石粉及维生素C粉各半勺。将过滤纸剪成2厘米×6厘米大小的纸片。

（2）将第一张过滤纸片的一端在紫甘蓝液里浸泡一下，然后将纸片湿的一端放在明矾粉上。

（3）将第二张过滤纸片的一端在紫甘蓝液里浸泡一下，然后将纸片湿的一端放在酒石粉上。

（4）将第三张过滤纸片的一端在紫甘蓝液里浸泡一下，然后将纸片湿的一端放在维生素C粉上。5分钟后，明矾粉上的纸片变成紫色，酒石粉上的纸片变成粉红色，维生素C粉上的纸片则变成玫瑰色。

探寻原理

酸性的强弱会使试纸颜色的深浅发生变化。强酸会让试纸变成红色，所以本实验中，维生素C粉的酸性最强，酒石粉次之，明矾粉的酸性最弱。明矾粉的试纸会变成紫色，是因为试纸原本是蓝色的，弱酸性的明矾粉使试纸微红，两种颜色复合在一起就变成了紫色。

7. 可以喝的酸

难易指数：★★★☆☆

准备工作

一些柠檬汁，一些紫甘蓝液（做法参考本章实验1），一个玻璃杯，一把汤匙。

实验方法

（1）往玻璃杯内倒入一汤匙的紫甘蓝液，一汤匙的水，再加入一汤匙的柠檬汁，然后搅匀。

（2）你会发现，玻璃杯里的溶液会从蓝色变成红色。

探寻原理

紫甘蓝溶液能使酸性物质呈红色，所以当柠檬汁和紫甘蓝溶液混合时，柠檬汁中的柠檬酸会使紫甘蓝溶液变成红色。

8. 当面包遇上醋

难易指数：★★★★☆

一瓶醋，六个杯子（各250毫升），两把茶匙（各5毫升），两把汤匙（各15毫升），一些发酵粉，一些碳酸氢钠（俗称小苏打），两张白纸。

实验方法

（1）将一个杯子装上半杯醋，另一个杯子则装满清水。

（2）把两张白纸分别放在桌上，每张纸上放两个空杯子。

（3）在第一张纸上的两个杯子里各加入一茶匙发酵粉，在纸上写上“发酵粉”，然后给杯子做好编号“1号”“2号”。

（4）用另一把茶匙在另一张纸上的两个杯子里各加入一茶匙小苏打，在纸上写上“小苏打”，然后给杯子做好编号“3号”“4号”。

（5）往1号杯子里加入两汤匙水。往2号杯子里加入两汤匙的醋。观察两个杯子里的情况，并将观察结果记在纸上。

（6）用另一把汤匙往3号杯里加入两汤匙的水，然后往4号杯里加入两汤匙的醋。观察两个杯子里的情况，并将观察结果记在杯子所在的纸上。

（7）往杯里加入液体时，1号杯、2号杯、4号杯里产生冒泡的现象，3号杯里则变成白色的浑浊溶液。

探寻原理

发酵粉是由碳酸氢钠、酸与其他物质混合而成的。发酵粉加入水后会产生酸性溶液，该溶液与碳酸氢钠发生反应，会产生二氧化碳。醋是酸性的，所以把它加入碳酸氢钠后，会生成二氧化碳，所以在烘焙面包、蛋糕时，通常会加入发酵粉，让食物变得蓬松。

小苏打的成分是碳酸氢钠。当碳酸氢钠与酸反应时，生成二氧化碳。同理，在面包、蛋糕中加入小苏打，会产生二氧化碳，经过加热烘烤后会越发膨胀，从而使面包、蛋糕更为蓬松可口。

9. 自制姜黄液试纸

难易指数：★★★☆☆

准备工作

一个封口可开合的塑料袋，一把茶匙（5毫升），一瓶酒精，一些姜黄粉，几张过滤纸，一个量杯（250毫升），一张铝箔纸，一个大碗，一把尺子，一把剪刀。

实验方法

（1）在杯子里装上1/3杯的酒精，然后加入1/4茶匙的姜黄粉，搅拌均匀后倒进碗里。

（2）每次将一张过滤纸浸入碗里的溶液中，取出放在铝箔纸上，晾干。

（3）然后把晾干的鲜黄色的过滤纸分别裁成3厘米×8厘米大小的纸条，这就是姜黄液试纸。把这些试纸放入塑料袋内并封好袋口保存。

制作姜黄液试纸有什么用处呢？

在接下来要做的一些实验中我们会用到它。

探寻原理

姜黄液是一种检验碱性物质的指示剂。当它遇到碱性物质时，姜黄液试纸会由黄色变成红色。

10. 检测气体的酸碱性

难易指数：★★★☆☆

一张姜黄液试纸（做法参考本章实验9），一瓶氨水。

实验方法

（1）将姜黄液试纸的一端蘸些水。

（2）把氨水瓶的瓶盖打开，注意不要吸入氨气。

（3）将试纸湿的一端放在瓶口上方5厘米的地方，不要让试纸接触到瓶口。

（4）你会发现，试纸湿的一端会变成红色。

氨水是由氨气溶于水制成的。当你打开氨水瓶的瓶盖，有刺鼻气味的氨气就会跑出来。当氨气从瓶口跑出遇上试纸时，就会与试纸上的水混合形成溶液，所以会使姜黄液试纸变红，由此我们得知，氨水是碱性的。

11. 检测干燥固体的酸碱性

难易指数：★★★☆☆

准备工作

一张姜黄液试纸（做法参考本章实验9），一些碳酸氢钠（小苏打），一个玻璃杯，一把茶匙（5毫升）。

实验方法

（1）往玻璃杯里倒入半茶匙的碳酸氢钠粉末。

（2）将干燥的姜黄液试纸一端与碳酸氢钠粉末接触，过了一段时间，试纸没有发生变化。

（3）将试纸的另一端蘸湿后，再去接触碳酸氢钠粉末。过了一段时间，试纸变成了红色。

探寻原理

碳酸氢钠是固体，试纸无法检测其酸碱性。所以想让试纸发生作用，碳酸氢钠需要溶于水。因为水能促使化学物质混合在一起发生反应。最后测完碳酸氢钠，试纸呈红色，说明它是碱性的。

12. 检测洗涤用品的酸碱性

难易指数：★★★☆☆

准备工作

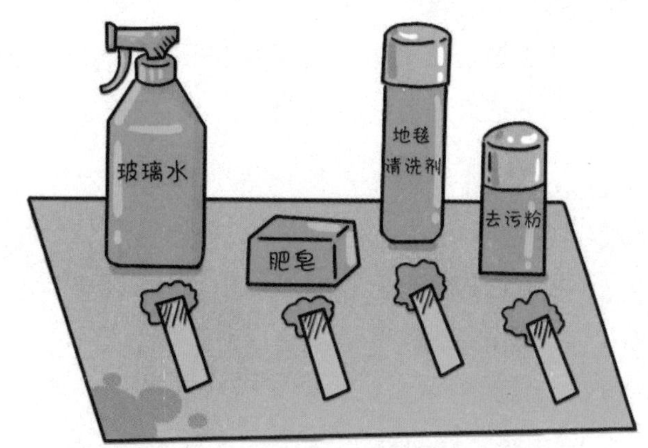

一张大的正方形铝箔纸（边长为30厘米），一把茶匙（5毫升），4张姜黄液试纸（参见本章实验9），一个量杯（250毫升），一块肥皂，一瓶玻璃清洁剂，一瓶地毯清洁剂，一些去污粉。

实验方法

（1）将铝箔纸平放在桌上，从4种洗涤用品中分别取出半茶匙的量放在铝箔纸上，彼此隔开一定距离。

（2）将4张试纸的一端浸湿，分别放在4种洗涤用品上。过一段时间，你会发现，4张试纸全都变红了。

探寻原理

实验中姜黄液试纸全都变红了，说明了4种检测的洗涤用品都是碱性的。日常生活中，大多数洗涤用品都是碱性的，因为碱性物质大多有很好的亲水性和去污力。

13. 检测草木灰的酸碱性

难易指数：★★★☆☆

准备工作

一些草木灰，一把汤匙（15毫升），一个量杯（250毫升），一张姜黄液试纸（做法参考本章实验9）。

实验方法

（1）把两汤匙草木灰倒进杯子里，然后再加入适量的水，并搅拌均匀。

（2）将试纸的一端放到草木灰溶液中，黄色的试纸会变红。

探寻原理

姜黄液是一种检验碱性物质的指示剂。当它遇到碱性物质时，姜黄液试纸会由黄色变成红色。实验中，测试草木灰溶液后，姜黄液试纸变红了，说明草木灰溶液是碱性的。

14. 酸碱中和

难易指数：★★★☆☆

一张姜黄液试纸（做法参考本章实验9），一瓶氨水，一瓶醋，一支滴管。

（1）将试纸的一端浸在氨水中。

（2）用滴管吸取适量的醋，然后将醋滴在试纸蘸有氨水的地方。

（3）你会发现，刚开始试纸在氨水中呈红色，滴上醋以后，试纸又变回了原来的黄色。

氨水是碱性的，醋是酸性的，碱性的氨水会使试纸变红，滴上醋以后，酸性的醋与碱性的氨水两者混合会发生中和反应，最后既不显酸性，也不显碱性，而是中性的。中和反应是指酸和碱互相交换成分，生成盐和水的反应。所以最后，试纸恢复到了原来的黄色。

15. 头发不见了

难易指数：★★★☆☆

准备工作

一团头发，一瓶漂白剂，一个小广口玻璃瓶，一个小勺。

实验方法

（1）在玻璃瓶里装上1/4容量的漂白剂。

（2）把一团头发放到漂白剂里，并用小勺按压住，放置30分钟。

（3）30分钟后，观察玻璃瓶。你会发现，在漂白剂表面产生了泡沫，而且头发上也可以看到小泡泡，除此之外已经有一部分头发消失了。

头发怎么消失了呢？

因为头发跟漂白剂产生了化学反应。

探寻原理

漂白剂是碱性的，头发是酸性的，它们相遇便会产生中和反应。因此，有一部分头发会消失。如果头发在漂白剂中放置的时间再长一点，就会完全消失。

16. 壶水“红与白”

难易指数：★★☆☆☆

准备工作

酚酞，浓度为5%的氢氧化钠溶液，浓度为25%的硫酸溶液，一个茶壶，三个茶杯，纯净水。

实验方法

（1）在三个茶杯中分别滴入几滴酚酞、氢氧化钠溶液和硫酸溶液，并把三个杯子标上编号1、2、3。

（2）在3个茶杯中都注入100毫升水。把编号为1和2的茶杯里的溶液，倒入空茶壶中。然后你会发现倒入茶壶里的混合液变成了红色。

（3）在空茶杯中重新注入100毫升水。将这3个茶杯里的液体全部倒入茶壶中。这时，你会发现茶壶里的混合液又成为无色的了。

探寻原理

在步骤（2）中，酚酞溶液与碱性的氢氧化钠溶液相遇，因而混合液会变红。在步骤（3）中，则因加入硫酸溶液使氢氧化钠溶液得到中和。又因硫酸的浓度大于氢氧化钠的浓度，混合液便呈酸性。而酚酞在酸性溶液中无色，所以溶液又变为无色的了。

17. 变色的牵牛花

难易指数：★★☆☆☆

红色的牵牛花，苏打水，一瓶食醋，两个杯子。

实验方法

（1）把苏打水与食醋分别倒入两个杯子里。

（2）把红色的牵牛花放在装有苏打水的杯子里，不一会儿，你会看到牵牛花由红色变成了蓝色。

（3）把蓝色的牵牛花再放到装有食醋的杯子里，不一会儿，你会看到牵牛花竟然又由蓝色变回了红色。

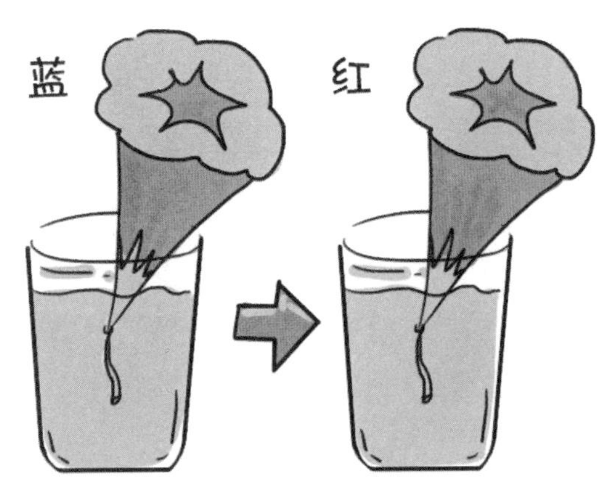

食醋和苏打水为什么能使牵牛花变色呢？

原来牵牛花花瓣中含有一种叫“花青素”的色素，当它遇到碱性物质时，会变成蓝色，遇到酸性物质时，会变成红色。所以把牵牛花放在装有碱性苏打水杯子里的时候，它会变成蓝色。把牵牛花放在装有酸性食醋杯子里的时候，它会变回红色。

18. 水中显字

难易指数：★★☆☆☆

一张白纸，一支毛笔，酚酞溶液，氢氧化钙，清水，一个水盆，一根玻璃棒。

实验方法

（1）在水盆中注入适量清水，并加入适量的氢氧化钙搅拌均匀。

（2）用毛笔蘸取酚酞溶液，在白纸上写上“化学”两个字。

（3）然后把白纸晾干，你会发现白纸上并没有写过字的痕迹。

（4）将纸浸入水盆中，不一会儿，纸湿了，而且“化学”两个字也以红色显现出来。

酚酞遇碱性物质会变红色。水盆中制成的氢氧化钙溶液是碱性物质，所以把纸放到氢氧化钙溶液中后，能够使纸上的酚酞变成红色，于是字就显现出来了。

第五章
食物中的化学知识

1. 蛋黄取油

难易指数：★★☆☆☆

准备工作

一个鸭蛋，一个蛋清分离器，一袋食盐，清水，一个大碗，一口小铁锅。

实验方法

（1）敲开鸡蛋，把鸡蛋放进蛋清分离器中分离蛋黄跟蛋清，蛋黄备用。

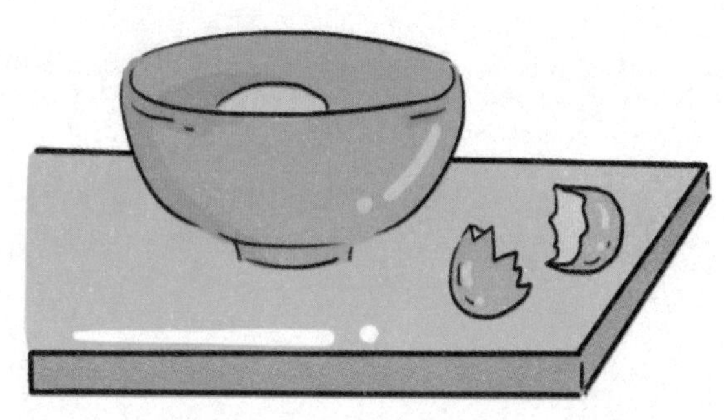

（2）在碗里倒入大半碗清水，并加入食盐直到水中不能再溶解食盐。

（3）将蛋黄倒入饱和的食盐水中浸泡一周。

（4）一周过后，将蛋黄与盐水一起倒入小铁锅中煮熟，你会发现，水面上浮着不少油花。

探寻原理

蛋类都含有脂肪，而且这些脂肪90%以上都集中在蛋黄里。盐能使蛋白质凝固，当蛋黄在盐水中浸泡一周后，蛋黄里的小油滴在盐的作用下凝聚在了一起。而当蛋黄煮熟后，蛋白质凝成了块，原本凝聚在一起的油滴便出现了，于是实验最后水面上浮现了油花。

2. 石灰蒸鸡蛋

难易指数：★★☆☆☆

准备工作

一个鸡蛋，一个铁盆，一个大汤勺，生石灰，水。

实验方法

（1）把适量生石灰放到铁盆里，再往铁盆里倒入少量的水。

（2）过了一会儿，等生石灰碎裂，把鸡蛋放在石灰上面。

（3）再过一段时间，当生石灰变成膏状的熟石灰后，用大汤勺取出鸡蛋。

（4）用清水洗净鸡蛋，然后剥开蛋壳，你会发现鸡蛋已经熟了。

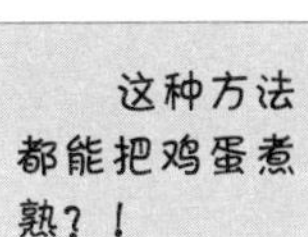

是不是觉得很神奇呢！

探寻原理

把水倒入放有生石灰的盆中后，生石灰与水发生化学反应，生成熟石灰，同时放出大量的热，把鸡蛋放在上面，没过多久鸡蛋就被这巨大的热量“煮熟”了。

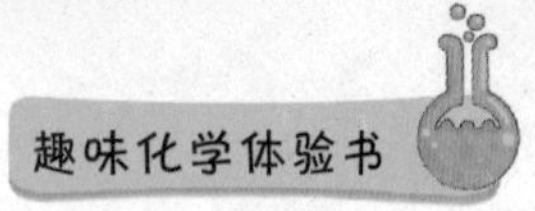

3. 鸡蛋里的字

难易指数：★★☆☆☆

准备工作

一个鸡蛋，一瓶食醋，一支蘸水笔。

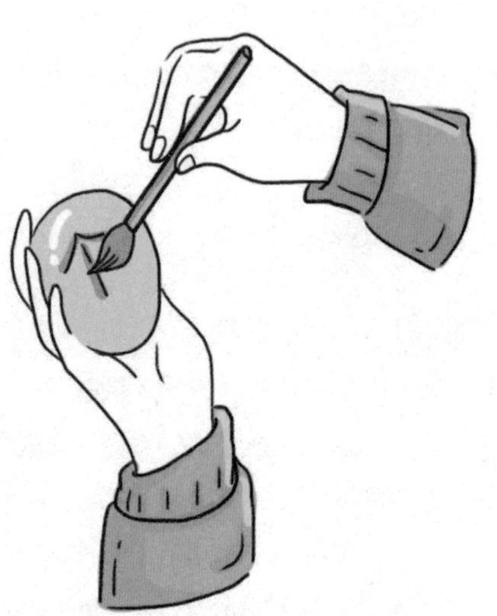

实验方法

（1）用蘸水笔蘸取食醋，在鸡蛋壳上写几个字。

（2）等到醋蒸发后，把鸡蛋煮熟。

（3）取出煮熟的鸡蛋，冷却之后剥去蛋壳。你就会惊奇地发现，白白的蛋清上印着你写过的字。

探寻原理

鸡蛋壳的主要成分是碳酸钙，它能与醋酸发生化学反应，生成醋酸钙。多余的醋酸能够穿过蛋壳，与里面的蛋清发生化学反应。因此，煮熟后的鸡蛋清上会留有字迹。

4. “起舞”的鸡蛋

难易指数：★★★☆☆

准备工作

一个鸡蛋，一瓶食醋，一个玻璃杯。

实验方法

（1）将适量食醋倒入玻璃杯，把鸡蛋也放入玻璃杯，让鸡蛋完全浸没在食醋里。

（2）仔细观察你会发现，刚把鸡蛋放进装有食醋的杯中时，鸡蛋是沉在杯底的。但是过了一会儿，鸡蛋周围冒出了许多小气泡，接着鸡蛋和小气泡一起慢慢旋转并上升，就像在跳舞一样。

探寻原理

这是因为鸡蛋的平均密度大于醋的密度，所以开始时，鸡蛋会沉在杯底。蛋壳的主要成分是碳酸钙，一段时间后，蛋壳里的碳酸钙与食醋中的醋酸发生反应，释放出了二氧化碳气体，就是那些附着在蛋壳周围的小气泡，于是鸡蛋就漂浮起来了。而后，这些小气泡不断破裂，就使得鸡蛋舞动起来了。

5. 透明的鸡蛋

难易指数：★★☆☆☆

准备工作

一个透明玻璃杯，一个鸡蛋，一瓶醋。

实验方法

（1）把鸡蛋放进玻璃杯里，然后往玻璃杯里倒醋，一直到醋完全浸没鸡蛋后，静置3天。

（2）3天后，小心地拿出鸡蛋，放到光亮处。你会发现，鸡蛋变成透明的了！还能看到鸡蛋中间的暗影——蛋黄。

探寻原理

醋和鸡蛋壳中的碳酸钙发生化学反应，并能慢慢地将鸡蛋壳溶解。但是醋无法溶解那层叫作膜的薄皮，膜保护着蛋白和蛋黄，使它们不受醋的侵蚀。于是我们就能看到这样一个透明的鸡蛋了。

6. 提取蛋白质

难易指数：★★☆☆☆

准备工作

食盐，两个玻璃杯，一个生鸡蛋，水，一根筷子，一把汤匙，一支滴管，一个蛋清分离器。

实验方法

（1）把鸡蛋打碎后放入蛋清分离器中，然后把分离出来的蛋清倒进一个玻璃杯里。

（2）取两汤匙食盐放到另一个玻璃杯中，向玻璃杯中加入适量的水，然后用筷子搅拌至食盐完全溶解。

（3）用滴管吸取食盐溶液并慢慢地滴进盛有蛋清的玻璃杯中。

（4）片刻之后，你会发现，有白色的沉淀物出现。

探寻原理

盐能使蛋白质凝固在一起，而蛋清中含有蛋白质，因此，实验中高浓度的食盐溶液能使蛋清出现白色沉淀物。这种白色的沉淀物就是凝聚在一起的蛋白质。这个反应过程叫作蛋白质的盐析。

7. 快速变质的牛奶

难易指数：★★☆☆☆

准备工作

一个玻璃杯，硝酸银溶液，一瓶牛奶，一根玻璃棒，一支滴管。

实验方法

（1）在玻璃杯中倒入1/3的牛奶。

（2）用滴管吸入一管硝酸银溶液加入牛奶中，然后用玻璃棒充分搅拌。

（3）很快你就会发现，牛奶中出现沉淀物，牛奶变质了。

探寻原理

硝酸银属重金属盐，把它滴入牛奶中后会与牛奶中的蛋白质发生反应，从而使牛奶中的蛋白质发生变性，而生成的沉淀物就是牛奶变性后的蛋白质盐。

8. 变酸的牛奶

难易指数：★★☆☆☆

一瓶鲜牛奶，一个玻璃杯。

实验方法

（1）打开牛奶瓶把牛奶倒入玻璃杯里。

（2）将玻璃杯放在阳光可以照射到的地方。

（3）一天后，拿起玻璃杯，闻一闻牛奶。你会闻到一股酸馊味儿。

（4）用嘴抿一小口牛奶后吐掉并漱口，你会发觉牛奶变酸了。

牛奶中的乳糖会在酶的作用下分解。我们把牛奶放在阳光下，温暖的环境会加速乳糖的分解，生成乳酸。因此，牛奶喝起来会酸酸的。在产生乳酸的同时，牛奶里的脂肪会水解成丁酸，丁酸会发出一股酸馊味儿。家里久放的牛奶，如果发现变酸，就不能继续喝了。

9. 牛奶清除大蒜味

难易指数：★★☆☆☆

准备工作

一瓶牛奶，一瓣大蒜。

实验方法

（1）把大蒜放进嘴里咀嚼一会儿，然后吐掉。

（2）打开牛奶瓶盖，慢慢地喝光一瓶牛奶，尽量让牛奶在口中停留的时间长一些。

（3）喝完牛奶后，你会发现口中的大蒜味消失了。

探寻原理

蒜瓣被嚼碎后，蒜细胞中特定酶的活化作用会将蒜碱分解为具有特殊气味的大蒜素。牛奶富含蛋白质，蛋白质的主要成分是氨基酸。氨基酸与大蒜素（碱性物质）发生中和反应，这样，大蒜味便被清除了。

10. 柔软的猪骨头

难易指数：★★☆☆☆

准备工作

一个玻璃杯，一根干净的生猪骨头，一瓶醋，一把汤勺。

实验方法

（1）把骨头放到玻璃杯里，然后向杯里倒入适量的醋，直到完全浸没骨头。

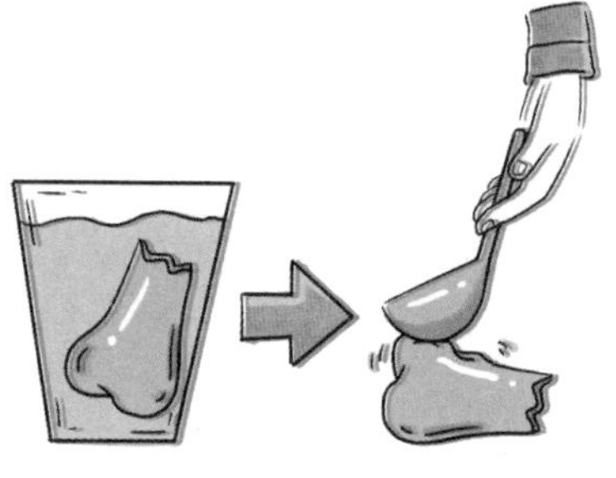

（2）两天后，把骨头从醋里捞出来，用汤勺敲一敲泡过的骨头。

（3）你会发现，骨头与之前相比，变得非常柔软，可以轻易折弯。

实验中把猪骨头换成鸡骨头，是不是也可以呢？

是的呢！因为鸡骨头中也含有很多的钙质。

探寻原理

醋里面的醋酸，会与骨头里的钙发生反应，生成新的可溶性物质。这种可溶性物质溶解在醋里后，骨头就变得非常软了。

11. 肉汤凝结成肉冻

难易指数：★☆☆☆☆

准备工作

鸡汤，一个小碗。

实验方法

（1）将准备好的鸡汤倒入一个小碗，放置一夜。

（2）第二天，你会发现，鸡汤凝结成了肉冻。

探寻原理

在高温下，胶分子是分散的，当温度冷却至室温时，胶分子会彼此联结，生成许多不规则的网眼，而肉汤当中的水被包在了网眼中，于是肉汤就变成了肉冻。

12. 挑选新鲜的肉

难易指数：★☆☆☆☆

准备工作

新鲜的猪肉或羊肉，一个盘子。

实验方法

（1）把肉放到一个盘子中，观察这片肉，你会发现它是鲜红色的。

（2）一段时间以后再观察，你会发现肉变成了暗红色。

探寻原理

血液中含有血红素，血红素中的铁以二价离子的形式存在，而大多数猪肉或羊肉上会残留一些血液，因此，新鲜的肉呈鲜红色。但随着猪肉或羊肉的久放，二价铁离子会逐渐氧化为三价铁离子，从而使肉呈现暗红色。

13. 去除鱼胆的苦味

难易指数：★★☆☆☆

准备工作

沾有鱼胆汁的鱼肉，清水，苏打粉。

实验方法

（1）用清水冲洗一下鱼肉，然后在沾有胆汁的鱼肉处撒上一些苏打粉。

（2）稍等片刻后，再用水洗一遍鱼肉，苦味便可消除。（如果胆汁污染的面积较大，可把鱼肉放入苏打溶液中浸泡片刻，然后再冲洗。）

探寻原理

胆汁中含有能产生苦味的胆汁酸，胆汁酸难溶于水，很难被洗净。先用清水冲洗鱼肉，能洗掉鱼肉表面的胆汁。对于渗入鱼肉里的胆汁，撒上的苏打粉能与其发生中和反应，反应生成可溶于水的胆汁酸钠。再用水洗涤，不仅可把多余的碱洗去，还可把胆汁酸钠渗出来，如此一来，苦味便基本上被清除了。

14. 去除鱼腥味

难易指数：★★☆☆☆

准备工作

一口铁锅，一条清理好的鱼，清水，一瓶黄酒，一瓶食醋。

实验方法

（1）先将清水倒入铁锅中，然后将鱼放入锅中，并盖上锅盖炖煮。

（2）一段时间后，锅中的水开了，掀开锅盖，鱼熟了，却闻到了一股浓重的鱼腥味。

（3）将少量黄酒和食醋倒入锅中，盖好锅盖，继续炖煮。

（4）一段时间后，再掀开锅盖，鱼腥味竟然消失了。

探寻原理

鱼肉中含有极不稳定的氧化三甲胺，它很容易还原成有腥味的三甲胺，所以，鱼肉会有腥味。而三甲胺易溶于酒精，且具有碱的特性。在铁锅里倒一些黄酒和食醋后，一部分三甲胺溶于黄酒的酒精中，而后与其一同挥发，另一部分与食醋中的醋酸中和成盐，于是鱼腥味就消失了。

15. 红色食用油

难易指数：★★☆☆☆

准备工作

食用油，红色苋菜液，一个小碗，开水，两个纸杯，一把勺子，一个鸡蛋。

实验方法

（1）把红色苋菜叶放到小碗里，然后倒入适量的开水，过一段时间，水变成了红色，再把苋菜捞出，就得到了红色苋菜液。

（2）在一个纸杯中放入一勺食用油，然后滴一滴苋菜液进去，再用勺子搅拌。你会发现食用油并未变色。

（3）在另一个纸杯中也放入一勺食用油，然后滴入3～4滴蛋黄到油中，并用勺子搅拌均匀。

（4）向第二个纸杯中滴入一滴红色苋菜液，片刻之后，黄色的食用油变成了红色。

探寻原理

油和水互不相溶，所以用红色苋菜液无法把油染成红色。而蛋黄中的磷脂具有乳化作用，能使油分子与水分子混合，于是把蛋黄滴入到油中后，食用油就由黄色变成了红色。

16. 提取花生油

难易指数：★★☆☆☆

汽油（易燃，不要接近明火），去皮花生，一个研钵，一个玻璃杯，一根玻璃棒，一个漏斗，一张滤纸，一个蒸发皿。

实验方法

（1）在研钵中放入5克左右的去皮花生，然后研碎，再倒入玻璃杯里。

（2）把15毫升汽油倒入玻璃杯里，同时用玻璃棒充分搅拌均匀，制成混合液。

（3）把滤纸铺在漏斗里，在漏斗下面放上蒸发皿，然后将混合液倒入漏斗中过滤杂质，使滤液流入蒸发皿。

（4）将蒸发皿放在阳光下，过一段时间，汽油蒸发掉了，剩下的液体便是花生油。

探寻原理

花生中的油脂会溶解在汽油里，而汽油又很容易挥发，在阳光下的汽油挥发后剩下的便是花生油了。但是用这种方法提取的花生油是不能食用的，因为提取过程中使用了汽油。

17. 食用油变质

难易指数：★★☆☆☆

准备工作

长久放置的食用油，一个瓷碗。

实验方法

（1）在瓷碗中倒入少许食用油。

（2）闻一闻瓷碗中的食用油。你会闻到一股难闻的气味。这说明，食用油已经变质了。

探寻原理

食用油变质的原因主要有两个：一是油脂中含有的不饱和脂肪酸，容易与空气中的氧气化合形成过氧化物，而过氧化物不稳定，容易生成醇、醛、酮等物质，此类物质能发出难闻的气味；二是油脂发生了水解，生成了低分子化合物，这些化合物也能发出难闻的气味。同时，温度越高，光照时间越长，食用油的变质速度就越快。因此，保存食用油时应密封，且放于低温、避光的地方。

18. 红糖变酸，白糖发黄

难易指数：★☆☆☆☆

准备工作

久放的红糖和白糖。

实验方法

（1）取少量放久了的红糖，品尝后你会发现它的味道有点酸。

（2）观察放久了的白糖，你会发现，它的颜色有些发黄。

探寻原理

放久了的红糖，长期与空气接触，会吸收空气中的水蒸气，这会让红糖中的乳酸菌大量繁殖。随着乳酸菌的增多，红糖中的主要成分——蔗糖也会逐渐转化成葡萄糖跟乳糖，进而产生乳酸。乳酸就是红糖发酸的原因。

在生产白糖的过程中，为了增白，会通入二氧化硫，促使糖汁中的色素还原脱色。但是这种脱色方式极不稳定，时间长了之后又会被氧化而重新变回到原来的颜色，所以白糖久置之后会发黄。

19. 哪块糖溶解得快

难易指数：★★☆☆☆

准备工作

三块大小相同的糖，三个相同的玻璃杯，三根细线，纯净水。

实验方法

（1）往三个玻璃杯中分别注入2/3杯容积的清水。

（2）用细线分别把三块相同的糖系上。

（3）将系有细线的糖块分别放入杯子中：一块吊在水面，一块吊在水的中间，一块沉到杯底。通过观察你会发现，放在水表面的糖块溶解得最快，放在杯底的糖块溶解得最慢。

探寻原理

因为水面的糖块在溶解的过程中形成的糖溶液会逐渐沉向杯底，糖块会不停地溶解并向下填充，所以溶解得最快。而杯底的糖在溶解时，周围形成的糖溶液密度比水的密度大，所以糖溶液都会沉在杯底，糖溶液达到饱和后，杯底的糖块就不容易溶解了，所以杯底的糖块溶解得最慢。

20. 不会潮解的食盐

难易指数：★★☆☆☆

准备工作

一包食盐，一口铁锅，一把铁铲，一个盘子。

实验方法

（1）把适量盐倒入铁锅里，然后把铁锅放在炉灶上，把炉灶开启，给铁锅加热。

（2）用铁铲翻炒食盐。翻炒片刻之后，把食盐倒在盘子里。将这盘食盐常温放置。

（3）两周之后，你会发现食盐没有发生潮解，还是一粒粒洁白的小颗粒。

探寻原理

由于食盐中含有氯化镁，氯化镁能吸收空气中的水分，从而使食盐发生潮解现象。但是食盐在锅中翻炒后，其中的氯化镁在高温下会生成氧化镁，这样一来，食盐便不会吸收水分而潮解了。因此，可用干炒的方法使食盐长久保持干燥。

21. 变色的土豆

难易指数：★★★☆☆

一个土豆，一把菜刀，两块药棉，一瓶消毒用的碘酒，浓度为5%的大苏打溶液（硫代硫酸钠溶液），一把镊子。

实验方法

（1）用菜刀把土豆切成两块。

（2）用一块药棉蘸取碘酒，涂抹在土豆的切面上。此时，你会发现土豆变蓝了。

（3）再用另一块药棉蘸取大苏打溶液，涂抹在蓝色的土豆面上。此时，你会发现，蓝色立刻消失了，土豆又恢复了原来的颜色。

探寻原理

土豆的主要成分是淀粉，淀粉遇到分子态的碘会变蓝。所以，在土豆切面上抹碘酒时，土豆就显出了蓝色。而将大苏打溶液涂到土豆上，溶液中所含的硫代硫酸钠和碘便会发生反应，生成无色的碘化钠，分子态的碘变成了离子态的碘。淀粉遇到离子态的碘不会变色。因此，蓝色消失了，土豆恢复了原来的颜色。

22. 白菜叶的妙用

难易指数：★★☆☆☆

准备工作

一个碗，一双筷子，一瓶碘酒，白菜叶，淀粉，开水。

实验方法

（1）在碗内放入适量淀粉，再倒入适量开水，同时用筷子将其搅成糊状。

（2）向碗内滴入2～3滴碘酒，这时，你会发现乳白色的淀粉糊变成了蓝紫色。

（3）把白菜叶挤出一些汁，然后把菜汁慢慢滴入蓝紫色的淀粉糊里。一边滴入一边用筷子搅拌。

（4）片刻之后，你会发现蓝紫色的淀粉糊又变回了乳白色。

探寻原理

乳白色的淀粉遇到碘会变成蓝紫色，但白菜叶中所含的维生素C能让碘褪色，于是蓝紫色的淀粉糊又变回了乳白色。

23. 久置的红薯更甜

难易指数：★☆☆☆☆

准备工作

一块久置的红薯，一块新鲜的红薯。

实验方法

（1）把两块红薯分开煮熟，以免无法区分。

（2）煮熟后，吃一口新鲜的红薯，你会发现它带着淡淡的甜味。再吃一口久置的红薯，你会发现它更甜一些。

以后买红薯，先放几天就能吃到更甜的红薯了。

嗯，不过要注意把红薯放在通风干燥的地方，不然容易腐烂。

探寻原理

久置的红薯要比新鲜的红薯甜。这主要是因为红薯放久了，其中一部分水分会蒸发，于是红薯中糖的浓度就增加了；还有一部分水分会参与淀粉的水解，并使淀粉水解成糖，所以久置的红薯就更甜了。

24. 切洋葱不再流泪

难易指数：★★☆☆☆

一把菜刀，一个案板，一个洋葱，一个盆，清水。

实验方法

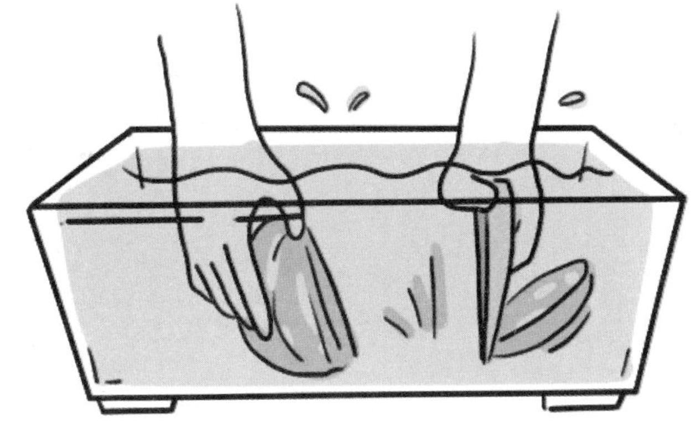

（1）把洋葱放在案板上用菜刀切成小块，不一会儿，你的眼睛就会流泪。

（2）把案板和洋葱放在盆里，然后把清水倒入盆中直至浸没案板跟洋葱。

（3）用菜刀在水中切洋葱，这一次，眼睛不会再流泪了。

探寻原理

洋葱中含有一种叫正丙硫醇的刺激性物质。当洋葱被切开或切成片时，正丙硫醇便挥发到空气中，如果它触碰眼睛的话，就会刺激泪腺，让人流泪。但是正丙硫醇能溶于水，所以在水中切洋葱可以避免流眼泪。

25. 用铁锅炒菜时放醋的好处

难易指数：★☆☆☆☆

一根铁钉，一张砂纸，一瓶白醋，一个碗。

实验方法

（1）用砂纸磨掉铁钉上的铁锈并且打磨光亮。

（2）在碗里倒入小半碗白醋，然后把铁钉放到碗里，并小心地用手来回摇晃这个碗。

（3）一段时间后，你会看到白醋变为浅蓝色，并有气泡缓慢溢出。

铁是一种性质比较活泼的金属，很容易与醋发生反应，生成亚铁盐。

实验中把铁钉放进醋里以后，就生成了浅蓝色的亚铁盐。用铁锅炒菜时，加入适量的食醋，食醋与铁锅发生反应，会生成对人体有益的铁元素。铁元素会溶在食物中，能有效地预防缺铁性贫血的发生。

26. 稀饭为什么会烧煳

难易指数：★★☆☆☆

准备工作

一个铁质的罐头盖，一袋面粉，一瓶纯净水，一根蜡烛，一把钳子。

实验方法

（1）在罐头盖上倒少量的面粉，然后点燃蜡烛。

（2）用钳子夹住罐头盖，把它放在蜡烛的外焰上加热。

（3）不一会儿，罐头盖里的白色面粉就变黑了。

原来饭烧煳了是这个原因啊！

是啊，知道了原因以后再也不会把饭烧煳了吧！

探寻原理

面粉中含有碳元素。当面粉被加热时，碳元素就会生成黑色的炭黑，这就是稀饭会烧煳的原因。

27. 水果“清洁剂”

难易指数：★★★☆☆

准备工作

一个苹果，一把水果刀，一个有油的盘子。

实验方法

（1）用水果刀将苹果切成片，然后用苹果片擦拭沾满油污的盘子。

（2）将擦好的盘子用清水冲洗。你会发现油污被水冲洗掉了。

小朋友用水果刀时，一定要注意安全。

最好让大人帮忙使用水果刀。

探寻原理

苹果中含有果酸，用苹果片去擦拭盘子，果酸会与盘子上的油污发生化学反应，生成溶于水的物质，因此盘子中的油污会被水冲洗掉，从而变得干干净净。

28. 变色的苹果

难易指数：★★☆☆☆

准备工作

一个玻璃杯，一把水果刀，一个苹果，两个盘子，一根玻璃棒，清水，食盐。

实验方法

（1）在玻璃杯里加入适量的食盐，然后再倒入半杯水，并用玻璃棒搅拌，从而得到一杯食盐溶液。

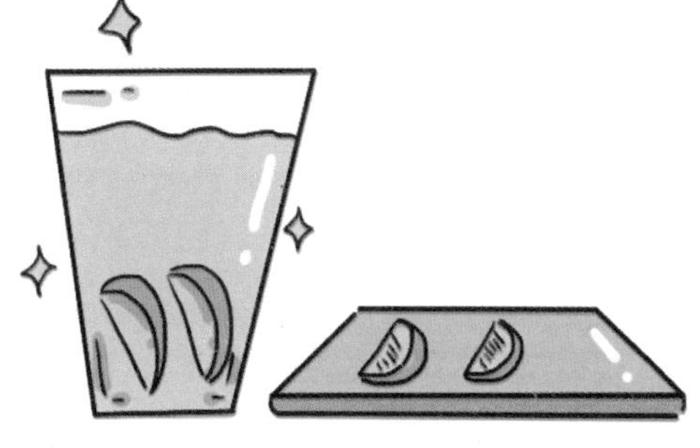

（2）用水果刀削去苹果皮，然后把它切成相等的4份。将其中的两份放在一个盘子里，另外两份放在盛有食盐溶液的玻璃杯中。

（3）5分钟后，将浸泡在盐水中的苹果拿出来，放在另一个盘子里。一段时间后，你会发现，被清水浸泡过的苹果变成了黄褐色，而被盐水浸泡过的苹果颜色没有改变。

探寻原理

苹果的果肉中含有茶酚、氧化酶、过氧化氢酶等物质，苹果去皮以后，这些露在空气中的物质会与空气中的氧气接触发生反应，从而生成一种黄褐色的物质。所以，切开的苹果在空气中放置一段时间后会变成黄褐色。而食盐水能阻止或减缓这种反应的发生，所以，用食盐水浸泡过的苹果没有改变颜色。

29. 香蕉保鲜的秘诀

难易指数：★★☆☆☆

准备工作

明矾，纯净水，一个烧杯，一根玻璃棒，一个小型喷雾器，一台天平，一个量杯。

实验方法

（1）在烧杯中倒入100毫升的纯净水，然后放入0.1克明矾，同时用玻璃棒搅拌均匀，这样就配制出了浓度为0.1%的明矾水溶液。

（2）将明矾水溶液倒入喷雾器中，用喷雾器将溶液均匀地喷洒在香蕉上，晾干。

（3）放置一天后，你会发现香蕉还是非常新鲜。

探寻原理

明矾水解后会形成一层极薄的氢氧化铝薄膜，薄膜覆盖在香蕉皮上，就能使香蕉的新陈代谢活动减慢。此外，明矾还具备杀菌防腐的功效。因此，喷了明矾水的香蕉能够长久保鲜。

30. 没有涩味的柿子

难易指数：★★☆☆☆

准备工作

温水，一个水盆，两个新鲜的柿子，浓度为40%的白酒，一个大瓷碗。

实验方法

（1）将适量温水倒入水盆中，然后将一个柿子放到温水中。放置一天后，吃这个柿子，你会发觉它一点也不涩。

（2）将另一个柿子放在瓷碗中，用手指蘸些白酒洒在柿子上，然后将瓷碗密封放置。5~10天后，打开瓷碗品尝，柿子一点都不涩。

探寻原理

柿子之所以产生涩味，主要是因为它含有花青素配糖体。但是花青素配糖体易溶于水，特别是温水，所以在温水中泡过的柿子吃不出涩味。除此之外，花青素配糖体还会与酒精发生化学反应，生成无味不溶于水的有机化合物，所以在柿子上洒白酒也能除去柿子的涩味。

31. 果汁变苦了

难易指数：★☆☆☆☆

准备工作

一瓶果汁，纯净水，一管牙膏，一把牙刷，一个杯子。

实验方法

（1）在杯子里倒一杯果汁，然后喝一小口果汁，你会感觉果汁酸甜可口。

（2）用牙膏与纯净水刷牙至少1分钟，然后再漱口。

（3）再喝一口果汁，这时，你会感觉果汁变苦了。

探寻原理

牙膏中含有一种碱性物质，水果、果汁中含有酸性物质，所以如果刷完牙后去吃水果、喝果汁，其中的酸和刷牙后残留在嘴里的碱就会发生中和反应，生成盐和水，而盐有一点苦涩的味道。所以，刷完牙后，再去喝果汁，就会觉得果汁变苦了。

32. 不摇也会喷发的可乐

难易指数：★★☆☆☆

准备工作

一瓶未打开过的可乐，热水，一个水盆。

实验方法

（1）把可乐瓶倒置在水盆里，然后向水盆中注入热水，直至可乐瓶完全被浸没在热水中。

（2）静候片刻，待热水将瓶内的可乐也热起来后，取出可乐瓶，拧开瓶盖，可乐就会像喷泉一样从瓶中喷出来。

探寻原理

可乐中含有大量的碳酸，碳酸并不稳定，很容易分解成二氧化碳和水，而且在摇晃跟加热的情况下都能够加剧碳酸的分解，碳酸分解之后会产生二氧化碳，分解产生的二氧化碳多了，可乐自然就喷出来了。

33. 会变色的茶水

难易指数：★★★★☆

准备工作

开水，红茶茶叶，一个茶壶。

实验方法

（1）把红茶茶叶放入茶壶中，然后将开水倒入茶壶。你会发现，茶水是浅红色的。

（2）将茶水冲好后，放置一天。你会发现，茶水由浅红变成了深红。

探寻原理

茶水中含有一种成分——鞣质，它是一种复杂的酚类有机物，能溶于水。鞣质很不稳定，容易被氧化，氧化之后颜色会变暗。所以，茶水放置一段时间后颜色会加深。

第六章
化学小常识

1. 邮票为什么能粘贴

难易指数：★★★☆☆

准备工作

4～5枚邮票，一个玻璃杯，一个酒精灯，一根玻璃棒，一支滴管，一支试管，纯净水，一瓶碘酒。

实验方法

（1）把4～5枚邮票放入玻璃杯，然后向玻璃杯中注入20～25毫升纯净水。

（2）用酒精灯加热玻璃杯，并用玻璃棒反复搅动，直至溶液沸腾。制得邮票浸渍液，然后静置备用。

（3）等邮票浸渍液冷却后，用滴管吸取2毫升并滴入试管中。再向试管中滴入3～4滴碘酒，你会发现，试管内的液体变成了蓝色。

邮票背面涂着具有黏性的糊精，糊精是淀粉水解的产物。淀粉初步水解后会生成糊精，糊精的分子较大，遇碘会呈蓝色。糊精的溶解性比糨糊好，具有良好的黏性，晾干后光洁度也比较好，因此，被广泛地应用在日常用品的生产之中，这也是邮票容易粘贴的原因。

2. 胶水的制作

难易指数：★★★☆☆

准备工作

两杯牛奶，一把汤匙，一瓶白醋，一口小铁锅，一根筷子，一个小塑料瓶，一个漏斗，一个小碗，一个杯子，一个漏勺，热水，苏打。

实验方法

（1）把4汤匙白醋和两杯牛奶一同倒入小铁锅里，一边小火加热，一边用筷子不停搅拌。

（2）到牛奶完全变成凝乳后，停止加热，用漏勺将凝乳和水分离，然后倒掉水，并把凝乳倒入小铁锅中，再往里面分别加两汤匙热水和苏打，用筷子搅拌均匀。继续小火加热，将凝乳熬成可以流动的胶状物。

（3）用漏斗将胶状物装入小塑料瓶中。静置一天后，胶水就制成了，你就可以用它来粘东西了。

探寻原理

牛奶中富含酪蛋白，而白醋是一种酸性物质，它与牛奶混合后，牛奶中的酪蛋白遇酸失去稳定性，凝结沉淀成一坨坨乳酪状的固体。这种固体可分散溶解于碱性溶液，因此当加入苏打和水后它们可以再度融合，变成最终的“乳胶”。在小火加热的情况下，能加快整个反应过程。

3. 能拍照的相纸

难易指数：★★☆☆☆

准备工作

一支彩笔，一张黑纸，一张相纸，一盏台灯，一把剪刀。

实验方法

（1）用彩笔在黑纸上画一个五角星，然后用剪刀沿着图案的边缘裁切，让黑纸上留下镂空的五角星图案。

（2）在一间较暗的屋子里取出相纸，迅速将镂空的黑纸盖到相纸上。

（3）打开台灯，让台灯照射相纸7分钟。关掉台灯，在屋子里拿掉黑纸。这时，你会发现相纸上留下了“五角星”的影像。

探寻原理

相纸也叫相片纸、高光相纸，它的基本结构主要有两层，一层是能够感光并表现明暗的感光层，另一层是用来负载影像的纸基。相纸被明暗不同的光线照射时，感光层中的氧化银会让相纸产生明暗交替的图案。于是，我们就能看到相纸上呈现出的影像。

4. 发黄的报纸

难易指数：★☆☆☆☆

准备工作

一张新报纸。

实验方法

（1）观察这张报纸，你会发现除字以外的地方都是白色的。然后将这张报纸放在有阳光照射的地方。

（2）一星期后，再看这张报纸，你会发现报纸变黄了。

探寻原理

纸张是由木材制成的，而木材主要由白色的纤维素构成。木材中还含有许多叫作木质素的深色物质，它与纤维素一起，最终也被制成纸张。报纸变黄是因为木质素暴露在空气和阳光中。产生了还原反应。

5. 白花变蓝花

难易指数：★★★★☆

准备工作

一个蒸发皿，一支滴管，锌粉，碘片，面粉糨糊，一根玻璃棒，一张白纸，一把剪刀，一根铁丝，一个铁架台，一台天平，冷水。

实验方法

（1）在蒸发皿中放入2克锌粉和2克碘片，并用玻璃棒把它们均匀搅拌在一起。

（2）在白纸上用剪刀剪出一朵纸花，并在上面涂一层面粉糨糊。

（3）用铁丝把白纸花固定在铁架台上，然后把蒸发皿放在铁架台下面。

（4）用滴管吸取少量冷水，并将其滴入蒸发皿中。

（5）这时，白雾和紫烟腾空而起。一段时间以后，白色的纸花变成了蓝色的纸花。

探寻原理

碘和锌在常态下是不会发生反应的。但是少量的水会成为催化剂，使碘和锌发生剧烈的反应，生成碘化锌，并放出热量。而热量也使得未反应的碘升华成了紫烟，紫烟和白纸上的面粉（淀粉）接触后，会使所含淀粉变成蓝色，于是“白花”变成了“蓝花”。

6. 自制再生纸

难易指数：★★★☆☆

准备工作

废旧白纸，一块玻璃板，一卷胶带，榨汁机，水，一个玻璃杯，一瓶胶水，一把长直尺，熨斗，一根玻璃棒。

实验方法

（1）用宽1厘米的胶带在玻璃板上围一个长方形，其大小以要制作的纸的大小而定。

（2）将废旧的白纸浸泡在水中并撕碎。

（3）将撕碎的白纸放入榨汁机中，再加入适量的水。启动榨汁机，将碎纸榨成纸浆。

（4）把榨汁机中制好的纸浆倒入玻璃杯，静置2分钟后加入适量胶水，并用玻璃棒搅拌均匀。

（5）将均匀的纸浆倒在用胶带围成的长方形内，用长直尺抹平，并擦去周围的纸浆。

（6）将涂好纸浆的玻璃板放到阳光下稍微晒一下，用熨斗熨干，再生纸便制成了。

探寻原理

纸是由纤维纵横交错粘连而成的，用榨汁机榨出的纸浆中就富含纤维。纸浆中的纤维越细，制成的纸就越光滑；纤维越长越粗，制成的纸就越坚韧。

7. 在竹片上刻字

难易指数：★★☆☆☆

准备工作

浓度为5%的稀硫酸，一块竹片，一支毛笔，一个酒精灯，纯净水。

实验方法

（1）用毛笔蘸取稀硫酸，在竹片上写上“实验”两个字。

（2）晾干后，把竹片放在酒精灯的火焰上烤一段时间。

（3）用水洗干净竹片。你会发现，竹片上显现出黑色或褐色的字——“实验”。

稀硫酸具有腐蚀性，小朋友们在做实验时，一定不能让皮肤直接接触稀硫酸。

最好在大人的帮助下做这个实验！

探寻原理

稀硫酸加热时会变成浓硫酸，浓硫酸表现出强烈的脱水性，使竹片中的纤维素失水而碳化，进而呈现黑色或褐色。

8. 蓝墨水写出黑字来

难易指数：★☆☆☆☆

一瓶蓝墨水，一支钢笔，一张白纸。

（1）用钢笔吸取适量蓝墨水，然后在白纸上写一些字。

（2）一段时间后，你会发现钢笔字逐渐由蓝色变成了黑色。

蓝墨水写出来的字应该是蓝色的，怎么会变黑呢？

这是因为蓝墨水中的鞣酸亚铁被氧化成了黑色的鞣酸铁。

蓝墨水中一种叫鞣酸亚铁的物质，它能与空气中的氧气发生反应生成鞣酸铁，而鞣酸铁是一种黑色沉淀，所以用蓝墨水书写的字迹会慢慢由蓝变黑。

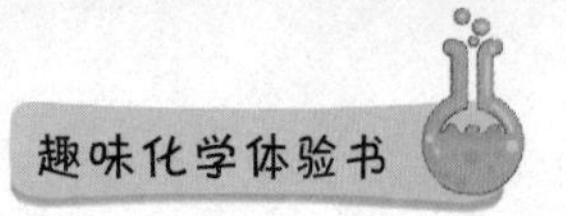

9. 维生素C巧除墨水渍

难易指数：★★☆☆☆

准备工作

一瓶蓝墨水，一块白棉布，清水，两片维生素C片，一个研钵，一个洗衣盆。

实验方法

（1）在白棉布上滴一滴蓝墨水，然后将棉布放在太阳下晒干，你会发现棉布上出现了一块蓝墨渍。

（2）在洗衣盆中倒入半盆清水，将白棉布放入水中浸湿，然后拧出多余的水分。

（3）将两片维生素C放入研钵中研成粉末，然后将粉末撒在墨渍上，反复揉搓。

（4）用清水搓几下棉布，你会看到蓝墨渍变淡了，再抹上肥皂搓几下，墨渍就会消失不见。

探寻原理

把维生素C粉末撒在墨渍上，维生素C会与氧充分接触，从而加快氧化速度，增强还原力度。因此，能够将墨渍消除。如果是新沾上的墨水渍的话，可以把沾有污渍的地方放到热牛奶里或酸牛奶中浸泡，再用清水清洗就可以去除。

10. 花露水巧除圆珠笔油渍

难易指数：★★☆☆☆

准备工作

一支圆珠笔，花露水，一团棉花球，一块白色的棉布，一块肥皂，一个盆，清水。

实验方法

（1）用圆珠笔在棉布上任意画一个图案。

（2）用棉花球蘸取一些花露水，然后用棉花球在这个图案上涂抹几下。你会发现，图案不见了，而棉布却变脏了。

（3）把棉布放入一盆清水中，用肥皂搓洗。不一会儿，棉布就被洗得干干净净。

探寻原理

花露水是有机溶剂，圆珠笔里的油是有机物。所以用蘸着花露水的棉花球擦圆珠笔油，圆珠笔油会溶在花露水里。而当圆珠笔油被吸掉后，剩余的其他杂质用肥皂一搓就生成溶于水的物质了。这样一来，棉布就变干净了。

11. 为硬币除旧

难易指数：★☆☆☆☆

准备工作

一枚发黑的5角硬币，一个玻璃杯，一瓶食醋，一包纸巾。

实验方法

（1）把发黑的5角硬币放在玻璃杯里。

（2）把食醋倒入玻璃杯直到食醋淹没硬币。

（3）片刻之后，将硬币取出，用纸巾擦拭硬币。你会发现，硬币光亮如新了。

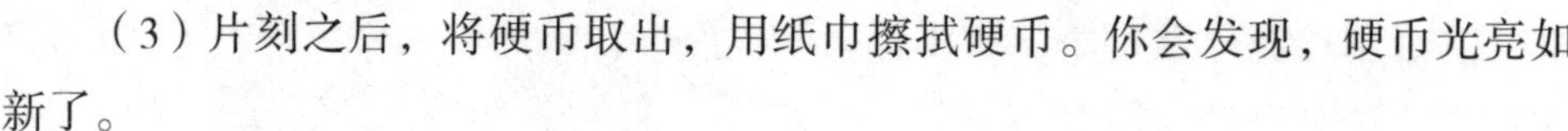

探寻原理

5角硬币表面的镀铜在空气中会被氧化，氧化后会在表面生成黑色的氧化铜，所以硬币会发黑。食醋中的醋酸和氨基酸可以与氧化铜发生反应，从而除去氧化铜，所以能使硬币光亮如新。

12. 为银器除黑迹

难易指数：★★★☆☆

准备工作

洗衣粉，一块铝片，苏打溶液，水，一个铁质水盆，一个发黑的银碟子。

实验方法

（1）用洗衣粉洗去银碟子表面的尘土、污渍。

（2）把银碟子和一块铝片紧紧的捆绑在一起，保证它们紧密接触。

（3）把银碟子和铝片一同放入盛有苏打溶液的铁质水盆中，然后用炉火加热，直至银碟子变为银白色后停止。

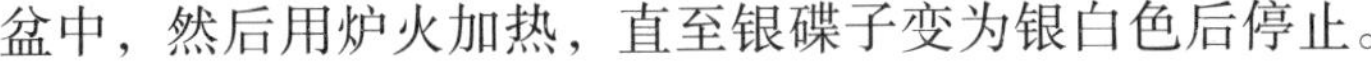

（4）取出银碟子，用水冲净。这时，光亮如新的银碟子便呈现在眼前了。

探寻原理

空气中的硫化氢与银碟子中的银发生反应，从而生成黑色的硫化银，所以银碟子会发黑。把铝片跟银碟子捆绑在一起后，铝片可以与硫化银发生置换反应，进而把银碟子表面的黑迹除去。而苏打溶液中所含的碳酸钠则是为了吸收多余的硫化氢。

13. 锈蚀的铝锅

难易指数：★☆☆☆☆

一口小铝锅，食盐水。

（1）将准备好的食盐水倒在小铝锅里面。

（2）放置几天，你会发现小铝锅有一部分锈蚀了。

铝制品表面有一层致密的氧化铝薄膜，它可以保护铝制品，使其不被氧化。然而，食盐水中的氯离子会使氧化铝变成氯化铝，氯化铝易溶于水，因而能使氧化铝膜的结构遭到破坏，导致铝制容器锈蚀。

14. 失去平衡的天平

难易指数：★★☆☆☆

一台托盘天平，稀盐酸，两个杯子，锌和镁颗粒。

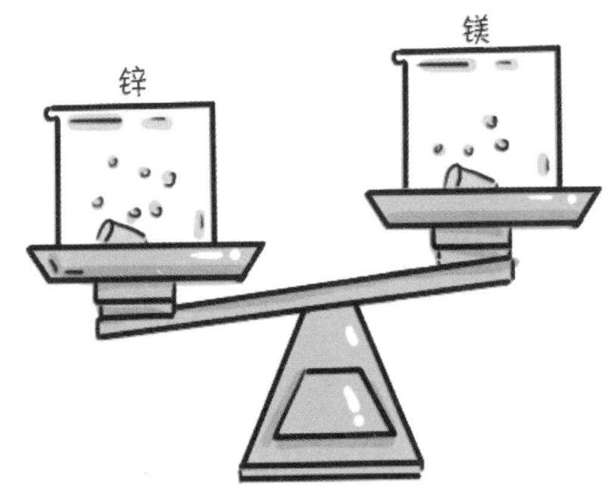

实验方法

（1）把两杯等量的稀盐酸分别放在天平的两个托盘上。这时的天平是平衡的。

（2）把等量的两粒锌和两粒镁分别放在天平两边的托盘上。天平此时仍然是平衡的。

（3）把锌和镁分别移入盛有稀盐酸的杯中。片刻之后，你就会发现天平渐渐失去了平衡——放有镁的一端向上升，放有锌的一端向下降。

镁原子的质量比锌原子轻2.4倍，等质量时，镁所含的原子个数是锌所含原子个数的2.4倍，因此，镁与盐酸反应生成的氢气是锌的2.4倍，锌和镁都能与盐酸发生反应，生成氢气。而氢气能很快分散到空气中。所以，天平上放有镁的一边就变轻了，天平也失去了平衡。

15. 自制餐具消毒剂

难易指数：★★☆☆☆

准备工作

高锰酸钾，纯净水，一个盆子。

实验方法

（1）以1000:1的比例把水和高锰酸钾放入盆子里，制成浓度为0.1%的高锰酸钾溶液。

（2）把餐具放进高锰酸钾溶液中浸泡5分钟。

（3）5分钟后，再用清水冲净，便可达到消毒的目的。

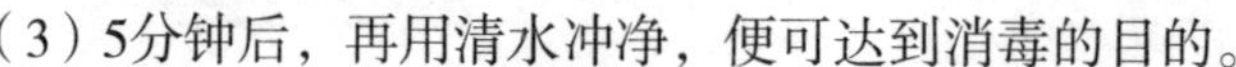

探寻原理

高锰酸钾是深紫色的晶体，它是一种强氧化剂，常用作消毒剂、水净化剂、氧化剂、漂白剂、毒气吸收剂、二氧化碳精制剂等。医疗上用作清洁消毒，消灭真菌。

16. 检验煤炭中是否含有硫

难易指数：★★★☆☆

准备工作

一把镊子，一个带杯盖的玻璃杯，含硫的煤块，稀高锰酸钾溶液。

实验方法

（1）把稀高锰酸钾溶液倒入玻璃杯中，然后把煤块投入炉火中引燃。

（2）再用镊子夹住正在燃烧的煤块放在玻璃杯口。

（3）放置片刻后，移走煤块，把杯盖盖好。

（4）一段时间后，紫红色的稀高锰酸钾溶液逐渐褪色，最后变为无色。

探寻原理

实验说明煤块中含有硫。因为在煤块燃烧后生成了二氧化硫气体，而这种气体溶于水后，能够使高锰酸钾溶液褪色。需要注意的是，二氧化硫是一种有刺激性气味的有毒气体，它既危害人体健康又污染环境。因此，购买煤时要尽量选用脱硫煤。

17. 毛巾用久了会变硬

难易指数：★☆☆☆☆

准备工作

一条新的纯棉毛巾，一条旧的纯棉毛巾。

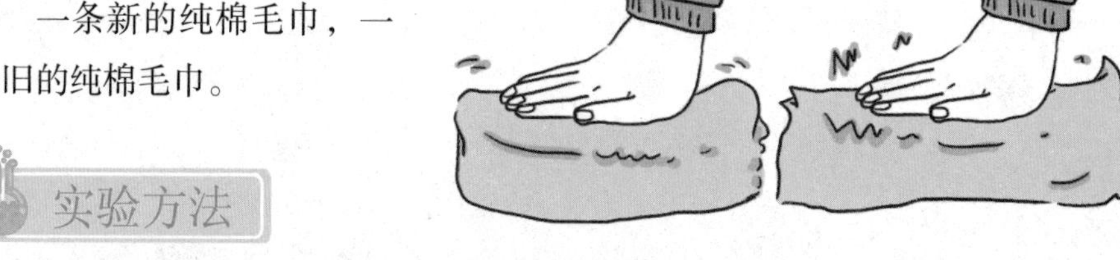

实验方法

（1）用手抚摸新毛巾，摸起来柔软而细腻。

（2）用手抚摸旧毛巾，摸起来坚硬而粗糙。

探寻原理

毛巾变硬的原因主要有两个：一是水中游离的钙、镁离子与肥皂结合，生成钙镁皂黏附在毛巾上而造成的；二是长时间的污垢残留积累造成的。

18. 衣服上的血迹

难易指数：★★☆☆☆

准备工作

两块小白布，鲜猪血，冷水，热水，一支滴管，一支滴管，一块肥皂。

实验方法

（1）在两块白布上，分别滴上几滴猪血。

（2）然后将一块白布放入热水中浸泡，将另一块白布放入冷水中浸泡。

（3）过一会儿，取出两块白布。你会发现，浸泡在热水中的白布上的血迹呈暗红色；而浸泡在冷水中的白布上的血迹依然是鲜红色。

（4）用肥皂抹在两块白布的血迹上，然后分别搓洗。

（5）用清水冲掉肥皂沫。这时，你会发现，用冷水浸泡过的白布上的血迹被冲洗掉了，而用热水浸泡过的白布上的血迹却没有完全洗掉。

探寻原理

血液中含有血红蛋白，血红蛋白遇热会发生化学反应，生成一种不溶于水的物质。因此，用热水反而洗不掉血迹。此外，血迹暴露在空气中久了，也会发生这样的化学反应。所以，陈旧的血迹也不容易洗掉。

19. 甘油巧除油污

难易指数：★☆☆☆☆

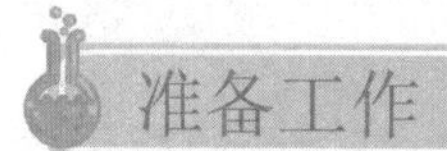

准备工作

一条沾有油污的丝绸质地手帕，一个带盖子的玻璃杯，甘油。

实验方法

（1）把适量的甘油倒入玻璃杯中，再把沾有油污的手帕完全浸入其中。

（2）盖上杯盖，拿起杯子摇晃几下，然后放置半小时。

（3）半小时后取出手帕，你会发现油污已经消失了。

甘油具有很强的吸水性，它在我们的生活中也很常见，尤其是在一些护肤品中。

原来甘油还有这么多的用处啊！

探寻原理

手帕上的油污在杯子里沾满了甘油，而甘油非常容易挥发，当从杯子里拿出手帕时，手帕上的甘油迅速挥发，而油污也随着挥发的甘油一起消失了。

20. 区别棉和羊毛

难易指数：★★☆☆☆

准备工作

棉布，纯羊毛毛线，一个酒精灯。

实验方法

（1）在棉布上抽出一根棉线，把它放在酒精灯上燃烧（小心烫手）。你会发现，它很难燃烧，烧完后留下的是灰烬。

（2）取一小段纯羊毛毛线，把它放在酒精灯上燃烧（小心烫手）。你会发现，它燃烧时会发出焦臭味，这种气味类似于毛发或羽毛烧焦时产生的气味。

探寻原理

棉纤维的主要成分是纤维素，它是由碳、氢、氧组成的高分子化合物，不易燃烧，燃烧后会留下灰烬。而羊毛纤维的主要成分是蛋白质，所以在燃烧时会产生焦臭味。

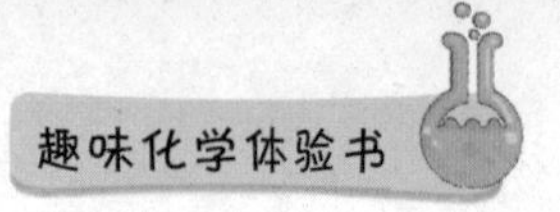

21. 肥皂止痒

难易指数：★☆☆☆☆

准备工作

一块肥皂，清水。

实验方法

（1）将肥皂沾上清水后涂抹在皮肤的蚊虫叮咬处，边涂抹，边揉按。

（2）没多大工夫，痛痒感就会逐渐消失，硬疙瘩也逐渐消失了。

蚊子可真讨厌啊！

蚊子还会传播疾病，所以夏天要做好驱蚊、防蚊工作啊！

探寻原理

蚊虫叮咬时，从蚊子的口器中分泌出一种有机酸——甲酸。甲酸会引起肌肉酸痒。而肥皂中含高级脂肪酸的钠盐，这种脂肪酸的钠盐水解后显碱性。肥皂的碱性与甲酸的酸性中和后能迅速消除痛痒感。

22. 牙膏巧除茶垢

难易指数：★☆☆☆☆

准备工作

一个带有茶垢的茶壶，牙膏，一把牙刷。

实验方法

（1）在牙刷上挤一点牙膏，然后用牙刷擦刷茶壶里的茶垢。

（2）擦刷过后，用清水冲一下。你会发现，茶壶里的茶垢不见了。

探寻原理

茶叶中含有鞣质，鞣质很容易生成一种叫鞣酐的化合物。鞣酐是一种难溶于水的红色或棕色物质。长期使用的茶壶，内壁上会附上鞣酐，时间一长，越来越多的鞣酐便形成了茶垢。而牙膏中既含有去污剂，又含有极细的摩擦剂，很容易将鞣酐擦去而又不损害茶壶。

参考文献

[1]王新义，门淑敏.化学益智思维游戏[M].北京：中国时代经济出版社，2008.

[2]尼查耶夫.化学的秘密[M].上海：上海科学普及出版社，2013.

[3]尼查耶夫.七天玩转趣味化学[M].北京：北京理工大学出版社，2013.

[4]杨金田，谢德明.生活的化学[M].北京：化学工业出版社，2009.

[5]叶永烈.趣味化学[M].武汉：湖北科学技术出版社，2013.

[6]马金石，王双青，杨国强.你身边的化学——化学创造美好生活[M].北京：科学出版社，2011.